고치소사마,　ごちそうさま
잘 먹었습니다

이 도서의 국립중앙도서관 출판시도서목록(CIP)은 e-CIP홈페이지(http://www.nl.go.kr/ecip)와
국가자료공동목록시스템(http://www.nl.go.kr/kolisnet)에서 이용하실 수 있습니다.(CIP제어번호: CIP2011000361)

고치소사마, ごちそうさま
잘 먹었습니다

광고크리에이터 김혜경의
동 경 런 치 산 책

김 혜 경 지 음

designhouse

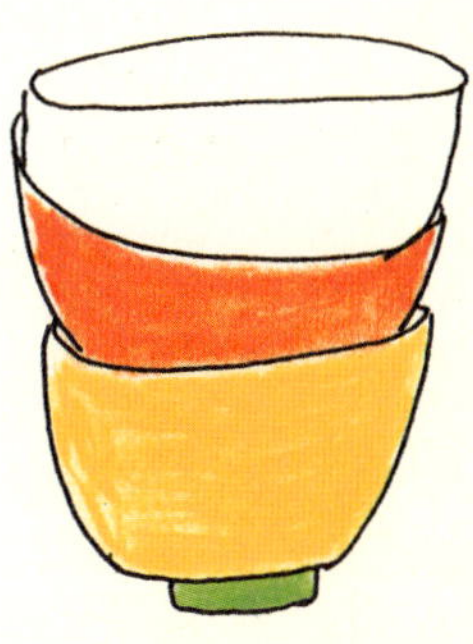

동경식당, 그곳에 인생이 있었다

가끔 이런 질문을 받는다.
"어떻게 하면 크리에이티브해질 수 있나요?"
어휴… 그 답을 알면 바로 돗자리를 펴지, 뭐 하러 이 고생이람.
하지만 "그래도…"라고 한다면
"행복한 순간을 많이많이 만드세요"라고 말해준다.

나를 행복하게 만드는 가장 좋은 방법은 뭘까.
순전히 개인적인 의견이긴 하지만 가장 좋은 방법은 사랑에 빠지는 거고, 가장
쉬운 방법은 맛있는 걸 먹으러 식당으로 가는 거다. 이왕이면 햇살이 가득 비치
는 창가에 앉아 배가 볼록해지도록 맛있는 음식을 냠냠 먹다 보면 나도 모르게
슬금슬금 행복해지면서 '뽈록' 하고 새로운 생각이 삐져나온다.

이번 동경 런치기행도 그랬다. 머리는 뻑뻑하고 마음은 거칠거칠하고…. 한숨을
푹푹 쉬고 있는데 황 실장이 동경으로 맛있는 거 먹으러 가자고 했다. 먹는 것이
인생에 큰 낙인, 그래서 그 낙을 한국 사람들과 함께 나누고 싶어 하는 일본 의
사가 그의 단골 식당들을 소개하고 싶어 한단다. 그녀 또한 20년간 CM 코디네

이션을 하면서 숨겨놓은 보물 같은 식당을 이참에 대공개하겠다고 비장한 결심을 했단다. 오케이. 두 번 생각하지도 않았다. 나란 사람은 글을 쓰는 데 대한 두려움 때문에 왕창 행복해질 수 있는 기회를 마다할 정도로 조심조심 인생의 발걸음을 내딛는 사람이 아니다. 더군다나 그녀의 남편이자 포토그래퍼인 피터 한이 동행한다고 하지 않는가. 좋은 사진을 많이 실으면 허섭한 글은 조금만 써도 되겠다는 약삭빠른 계산을 하고선 수의사이자 커피 스페셜리스트인 남편까지 포터로 대동하고서 룰루랄라 동경 런치기행을 나섰다.

'방 안에서 인생 따위 생각할 수 있을까.'
내가 좋아하는 광고 카피처럼 머릿속에서 생각만 하는 것과 실전에 부딪치는 건 엄청나게 다르다. 예컨대 아이를 낳아보지 않은 사람은 '죽음'의 문턱까지 갔다 오는 그 고통을 알 수 없는 것과 같은 이치. 하지만 그 예측불허의 경험 때문에 인생은 즐겁다. 어쨌거나 '열심'이 습관인지라 발이 부르트도록 식당을 돌아다니고, 셰프들을 만나고, 그들의 요리를 먹으면서 문득, '아, 맛이란 인생의 또 다른 이름이구나' 하는 생각이 들었다. 인생을 젤리처럼 말랑말랑하게 사는 사람은 말랑말랑한 맛을 내고, 인생을 모범생처럼 또박또박하게 사는 사람은 또박또박한 맛을 낸다. 인생의 모진 풍파를 겪은 사람은 바람처럼 싸아한 맛을 내고, 인생을 이제 갓 시작한 사람은 새순처럼 파릇파릇한 맛을 낸다.

진짜 일본 사람과 거의 일본 사람인 니시오카 상과 황 실장 덕분이었지만 내가 다닌 모든 식당은 뜨내기들의 식당이 아닌 '진짜 식당'이었다. 그냥 '마실이나 가볼까' 하는 가벼운 기분으로 그들의 '맛'을 보러 갔지만 그들은 덤으로 거창하지는 않지만 인생에 꼭 필요한 작은 '깨달음'들을 얹어주었다. 그 깨달음 덕에 지금의 나는 조금 더 행복해졌고, 조금 더 크리에이티브해졌고, 조금 더 '괜찮은 인간'이 되었다. 그리고 누가 내게 "동경 가요"라고 말하면 "아, 잠깐잠깐…" 하고서는 꼭 가봐야 할 식당과 커피점을 읊어대야 마음이 놓이는 인간이 되었다. "동경

엔 별처럼 많은 식당이 있는데 왜 하필…"이라고 하면 어쩔 수 없지만 무턱대고, 혹은 유명하다는 말만 듣고 드르륵 식당 문을 여는 것은 참으로 안타까운 일이다. 왜 그런지는 모르겠지만 맛없는 음식은 생각보다 훨씬 더 우리를 기분 나쁘게 한다. 더구나 "다음에…"라고 하기엔 동경은 너무 멀고, 여행자의 시간은 너무 비싸다.

생각해보면 이 책을 쓰면서 나는 참 행복했다. 팔자 좋은 인간들이나 하는 일이라고 생각했던 음식기행을 했고, 생각도 부쩍 깊어졌고, 노트에 끼적거리던 나의 일러스트를 책으로 남기는 무지막지한 일도 감행했다. 나와 비슷하게 퀼트다 뭐다 작은 것을 꼬물딱거리는 것을 좋아하는 김은주 편집장을 만난 것도 행운이었고, 이 책을 디자인할 영감을 받기 위해 뉴욕으로 아이디어 여행(?)을 다녀온 박수진 실장을 만난 것도 고맙고, 지도다 뭐다 온갖 뒤치다꺼리까지 다 챙겨준 블레스월드 식구들도 고맙고…. 미스코리아 당선자式의 인사말은 하지 말자고 다짐했지만, 고마운 건 고마운 거니까. 할 수 없다.

음식을 먹는다는 건 그 음식을 만든 사람의 마음을 받아들이는 일이라고 했다. 자, 지금 삶이 헛헛하다면 누군가의 '마음'을 맛보러 동경으로 떠나자. 이 책에서 마음에 딱 드는 '마음'을 찾는 데는 동경으로 가는 두 시간의 비행시간이면 충분하니까.

행복한 음식여행자, 김혜경

제2장　요리와 인생

동경식당

이세이 미야케的으로 구운 생선구이 세 토막

| 시젠 |

'멋'과 '맛'의 거리는 얼마만큼일까. 영어 단어 'taste'는 맛이란 뜻이지만 멋을 의미하기도 한다. 그러니까 멋과 맛은 같이 웃고, 같이 우는 일란성 쌍둥이 정도의 거리를 두고 있다고나 할까.

생선구이 코스 메뉴를 선보이는 레스토랑 '시젠(Shizen)'은 멋과 맛이 어떻게 사이좋게 지내야 하는지 보여주는 좋은 예다.

사실, 나는 맛있는 생선구이집 하면 생선 굽는 냄새와 소리가 지글지글 들끓는 을지로4가의 골목을 상상하는데, 시젠은 생선구이집이라고 하기에는 너무 예뻤다.

1층은 여러 가지 도자기나 소품을 파는 숍, 2층은 장르가 모호한 카페 스타일 레스토랑, 옥상은 가든 플래닝을 위해 꾸민 옥상정원. 흠, 계열사가 세 개나 있는 작은 그룹이라고나 할까. 보통은 아니다 싶어 물어보니 주인장은 이세이 미야케의 영 라인인 플리츠 플리즈의 패션 디자이너였다고. 12년 전에 회사를 그만두고 늘 하고 싶던 레스토랑을 내고, 도자기를 굽던 아내는 1층에 컬렉션한 그릇들을 판매하는 가게를 냈다.

어떤 요리를 할까 생각하다 평소에 자신이 좋아하는 생선구이로 결정. 이것저것 조금씩 시식하다 보니 이 생선, 저 생선을 한꺼번에 조금씩 맛보는 메뉴를 만들면 좋겠다는 아이디어가 번뜩. 그래서 만든 것이 세 토막 생선구이 메뉴다. 고등어, 꽁치, 임연수를 각각 한 토막씩.

마치 짬뽕을 먹으면 자장면이 생각나고 자장면을 먹으면 짬뽕이 생각나니까 짬짜면이라는 메뉴를 만든 중국집처럼 이 생선, 저 생선 골고루 먹고 싶어 하는 이들에겐 너무 합리적인 메뉴다. 세상의 고정관념은 이렇게 작은 곳에서 무너지고 있다는 것을 실감한다.

"바다 생선은 배부터 굽고, 껍질이 있는 등 쪽은 나중에 구워야 해요."

헛. 전문가란 것도 책상에서 만들어지는 것은 아니다.

사실 실전에서 쌓은 임상 경험이 더 값진 법. 가스 오븐에 구운 생선은 잘 구운 빵의 껍질처럼 노릇노릇하고, 살은 퍽퍽하지 않고 적당히 씹히는 맛이 있어 좋다.

또 하나 시젠의 독특한 메뉴는 아키타산 쌀로 만든 기리단포. 이 메뉴가 존재하는 이유는 한 가지. 주인장이 아키타 출신이기 때문이다. 쉽게 설명하자면 '치킨 떡볶이 수프'라고나 할까. 아키타 지방의 명물로, 하루에 열 그릇만 만드는데 상당히 맛있다.

왜 열 그릇이냐고 물으니 그냥 그게 좋을 것 같아서란 주방장의 무심한 대답. 최근에 만든 메뉴 중 하나는 몽골 위구르 지방의 가정 요리다. 아

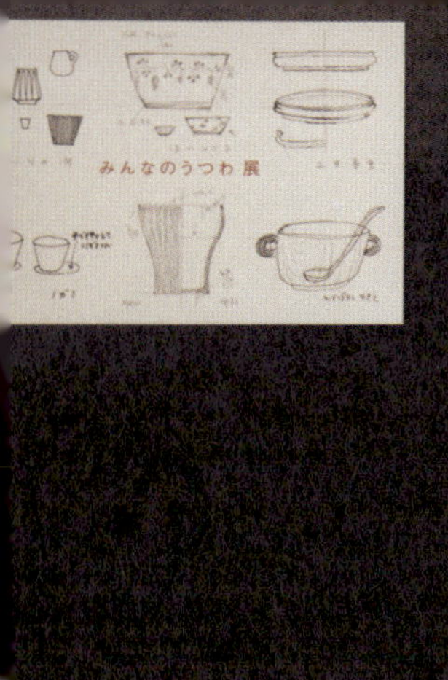

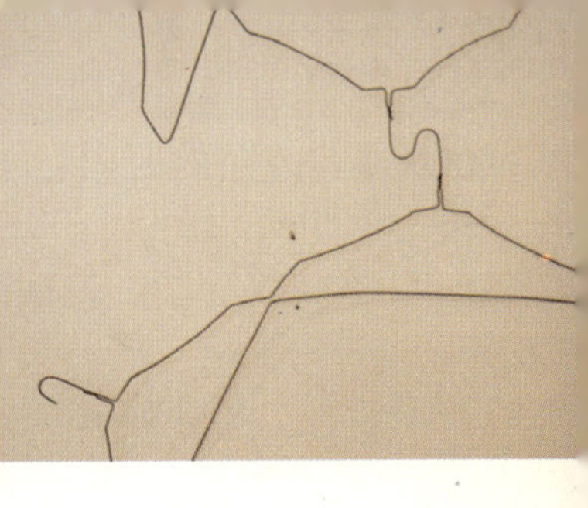

← 요리를 잘하는 디자이너들이 많은 건
'크리에이티브하다'라는 공통점이 있기
때문인지도 모른다.
빨간 티셔츠와 까만 뿔테 안경이 전직
이세이 미야케 디자이너의 포스를
느끼게 하는 주인장.

↑〈시젠〉 1층에 들를 땐 일단 지갑
사정이 괜찮은지 확인하자. 백화점
같은 데서는 볼 수 없는 특이하고 예쁜
도자기, 퀼트 소품 등이 잔뜩이니까.
나도 손잡이가 나무로 되어 있는
도자기 주전자를 덜컥 샀다.

↓화장실에도 꼭 가보아야
한다. 수도꼭지, 세면 볼, 전등,
'toilet'이라는 레터링…. 하나하나가
다 아트고 디자인이다.
맛있는 생선구이도 먹고, 쇼핑도
하고. 시젠은 '뿌듯하다'라는 원초적인
기분을 맘껏 느낄 수 있는 공간이다.

오차

15가지 야채로 만든
전채 요리

두부조림과 단호박

쓰케모노

미소 장국

밥

디저트

두 토막뿐이지만 고급 생선이라 시젠에서 가장 비싼 메뉴.
먹어보면 300엔 더 내는 것이 아깝지 않다.

야키자카나 3종 모둠정식 900¥

오차 + 15가지 야채로 만든 전채 요리 + 두부조림과 단호박 + 쓰케모노 + 미소 장국 + 디저트

고등어, 임연수어, 꽁치, 무

시젠의 대표 메뉴. 누구나 좋아하는 생선 세 종류를 한꺼번에 맛보는 즐거움이 있다.
사이드에 있는 간장을 올린 무도 장식이 아니다. 생선과 함께 먹으면 더 맛있다.

우마카라다벤지동 700¥

맛있게 맵다는 뜻의 우마카라 다벤지동.
위구르 지방의 대표적 가정 요리로 몽골 출신
아르바이트 직원을 채용한 덕분에 어찌어찌
만든 메뉴라지만 달착지근 매콤해서 우리
입맛에 딱 맞다. 주중에만 먹을 수 있다.

기리단포정식 1000¥

아키타산 쌀로 밥을 지어 반 정도 으깨어
꼬치에 끼워 구운 요리. 하루에 딱 열 그릇
만 만들지만 운 좋으면 맛 볼 수 있으니
시도해보시기를.

르바이트로 일하는 직원이 위구르 지방 출신이어서 만들어본 메뉴. 반응
이 좋단다.

장고 끝에 악수 둔다고들 하지 않는가. 매사에 심각하게 고민해서 콘셉
트를 딱딱 맞춘다고 다 좋은 건 아니다. 손님들을 위해서란 지극히 교과
서적인 이유는 재미없다. '내가 좋으니까, 내가 하고 싶으니까'라는 이유
로 만든 메뉴여서일까. 시젠의 요리들은 일목요연하지는 않지만 편하고,
부담이 없다.

카페 구석구석 멋진 인테리어를 감상하고 1층으로 내려와 본격적으로 쇼
핑하는 것도 이곳을 찾는 즐거움 중 하나. 컬렉션한 안목이 수준급이다.

생선 세 토막이란 발상이 너무 신선하다.
디자이너의 손길이 구석구석 배어 있는 예쁜 카페.

아기자기하고 음식도 재미있고 오는 손님도 매력적인 분이
많다. 동경의 아티스트들을 만나고 싶어 하는 분께 추천.

생선 좋아하는 사람의 유토피아.

걸어가기 조금 힘든 곳이지만 그래도 생선이 생각나는 때
가고 싶어진다.

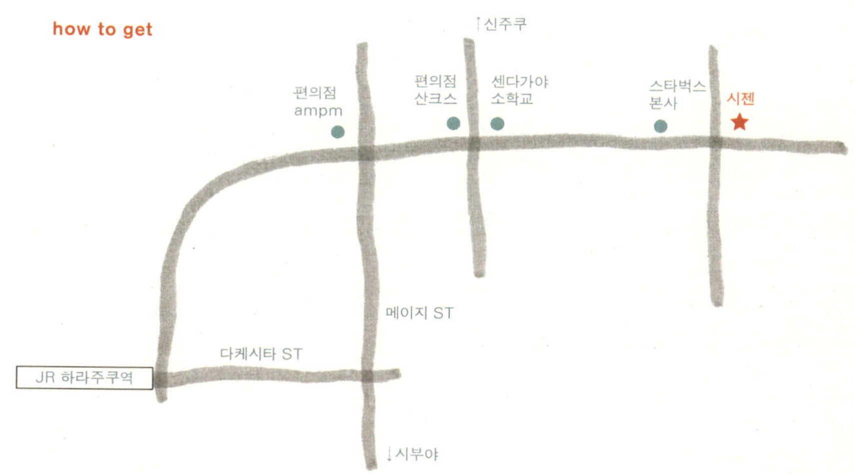

시젠 Shizen

주소: 도쿄도 시부야구 센다가야 2-28-5
전화번호: 03-3746-1334
영업시간: 평일 11:00~16:00(런치), 18:00~24:00(바 타임), 일요일·공휴일 12:00~17:00
가는 방법: 하라주쿠역 다케시타 출구로 나가서 등을 역으로 돌린 채 왼쪽으로 철도 따라 가다 보면 오른
쪽으로 큰길이 이어진다. 도중에 메이지도리가 나오면 건너서 스타벅스 본사 건물이 나올 때까지 걸어 내
려간다. 스타벅스를 지나 건널목을 건너 왼쪽으로 약간 들어가면 1층은 그릇집, 2층이 카페다.

세상에서 가장 '따뜻한' 스시

| 타쓰 키쿠우라 |

한국에는 한국만의 온도가 있듯이 일본에는 일본만의 온도가 있다. 일본에 살아본 적이 없는 나로서는 거주자가 아닌 여행자로서의 직감에 의존할 수밖에 없지만, 확실히 한국에 비해 차갑다. 웬만해선 감정을 드러내지 않고, 속에선 부글부글 끓더라도 표정이 잘 변하지 않는다. 그래서일까. 그들의 음식 또한 한국에 비해 상대적으로 차갑다.

스시는 일본의 대표 음식 중 하나. 여자는 남자에 비해 손의 온도가 높아 초밥 요리사가 되기 힘들다는 설이 있을 정도로 스시는 얼지 않을 정도의 적당한 싸늘함을 요구한다.

하지만 카운터가 있는 스시집이라면 얘기가 달라진다. 360개의 밥알과 5센티미터의 생선을 끊임없이 쥐락펴락하며 거의 12시간이 넘게 손님들의 감정을 읽어내야 하는 현실적인 어려움이 있지만 친절은 필수. 그 때문에 어쩔 수 없이 마음은 딱딱해도 "내가 웃어도 웃는 게 아니야" 식의 억지 미소를 보이는 것이 카운터가 있는 일식집 요리사들이다.

순전히 개인적인 느낌이지만 나는 "이랏샤이마세"라는 인사말을 들을 때마다 왠지 지나치게 상냥한 어조 때문에 약간 비위가 상한다. 마치 매뉴얼화된 전자음 같다고나 할까.

하지만 세상은 언제나 예외가 있어서 살맛나는 것. '타쓰 키쿠우라(達 菊 うら)'는 일본식의 교과서적인 친절이 아니라 정말 마음에서 우러난 인간미를 느낄 수 있는 정통 일본 요리점이다. 그건 직원들에게 오지짱(아버지)라 불리는 오너 셰프 키쿠우라 타쓰 씨가 넉넉한 인품으로 진두지휘하는 카운터 분위기 때문이다.

"한국 사람같이 정이 많지요. 후배들에게 자신의 노하우를 막 퍼줘요. 지나치게 원칙을 고수하는 일본 사람 같지 않아서 더 배울 게 많습니다."

그곳에서 연수 중인 한국인 셰프의 말처럼 타쓰 키쿠우라는 제대로 된 전통 일본 음식의 맛을 내는 집이지만 또 한편으론 서구의 맛이 어우러져 매우 특별한 느낌이다. '진지함'과 '자유분방함'의 접목이라고나 할까.

예를 들어 사시미는 구로마구로라고 불리는 최상급 참치나 일본의 호우 요해협에서 나는, '세키사바'라 불리는 최상급 고등어 등을 두툼하게 썰어 일본 정통 회의 쫀득쫀득함을 맛볼 수 있고, 한편으론 올리브 오일을 넣은 송이버섯 전채 요리라든가 크림치즈와 도미 내장 젓갈로 만든 젤리 같은 크로스오버적인 요리도 맛볼 수 있다.

런치 메뉴 중 하나인 우설과 햄버그정식도 이곳만의 특징적인 메뉴. 손님 상에 내기까지 3일이 걸린다는 우설에는 포크가 따로 나오지 않는데, 정말 젓가락만으로도 먹을 수 있을 정도로 부드럽고 맛있다.

햄버그스테이크 또한 일본 쇠고기와 돼지고기를 참마로 버무려 적포도주와 데미그라소스, 토마토, 그리고 일본식 간장소스로 구워 그야말로 동서양이 잘 버무려져 있다.

오너 셰프 키쿠우라 타쓰 씨는 18세 때부터 현장에서 잔뼈가 굵은 정통 스시 장인이지만, 일 년간 '스페인 세비야 음식박람회'에서 쌓은 경험이

앞페이지 타쓰 키쿠우라 씨의 여름 칼. 가시가 많은 하기라는
생선을 다룰 때는 여름 칼을 쓰고, 생선이 나오는 철에 따라
봄·여름·가을·겨울 칼을 따로 쓴다. 요리 못하는 사람이
연장 탓한다고 말하지만 진짜 장인들일수록 도구를 갖추는
걸 보면 '도구'란 '정신'의 또 다른 이름인지도 모른다.

사람 좋아 보이는 인상의 키쿠우라 씨와 그를 아버지라
부르며 요리를 배우고 있는 한국인 제자. 왠지 만화
《초밥왕》을 생각나게 하는 장면이지만 진심으로 키쿠우라
씨를 존경하고 따르는 것이 느껴진다. 유명하다는 일본 요리
장인들을 다 찾아다녔지만 왠지 키쿠우라 씨의 초밥이 가장
맛있었다고.
한국에 돌아가면 그도 엄숙한 정통 스타일이 아닌 정 많고
따스한 스시집을 운영하고 싶단다.

생강절임 오싱꼬
사시미
크림치즈와 도미내장젓갈
고보를 아나고로 두른 조림
오크라(야채)로 만든 젤리
스이모노
(된장국 보다 맑은 국,
작은 새우어묵이 들어있음)

오히루 코스(점심 코스) 3675¥

일본 정식은 말 그대로 잘 차린 가정식 요리다. 뜨겁고 매운
찌개 같은 것이 없고 채소와 생선만으로 이루어진 요리라
일본에 장수하는 할머니들이 많은 것이 이해가 간다.
주머니가 넉넉하다면 최상급인 이타마에코코로 코스(요리장
마음 코스)에 도전해보는 것도 괜찮고, 간단하게 맛만 보고
싶다면 1층에서 1200¥로 좀 더 캐주얼하게 일본 정식을
먹는 것도 좋을 듯.

'일본 요리'라는 우물 안 개구리에서 탈출한 계기가 되었단다.

내 경험에 의하면 어떤 경지에 도달한 사람들은 '자기 것'만 고집하지 않는다. 그건 내 것을 고집하지 않아도 내 것을 지킬 수 있을 정도의 자신이 있기 때문이고, 그래서 나의 분야만 옳다고 주장하지 않는 것이다.

일본의 신선한 생선 중에서도 최고급 재료로 만든 이곳의 차가운 스시가 따스하게 느껴지는 건 바로 경직되지 않은 오너 셰프의 열린 마음 때문이 아닐까.

마음 좋은 동네 아저씨 같은 키쿠우라 타쓰 씨 덕분에 내 마음속 일본의 온도가 1도쯤 올라갔다. 한국에서 온 견습생과 어깨동무를 하며 환하게 웃던 그의 모습은 진정한 스시 장인의 전형으로 오래오래 기억 속에 남을 것 같다.

한국으로 치면 반찬이 정갈한 정식집.
깔끔하게 잘 먹었다는 느낌.

두툼한 스시가 정말 '일본'답다.

고생고생해서 성공한 주인장의 이야기에 눈물이 찔끔.

1층에서는 2층의 고급 정식을 저렴하게 즐길 수 있다.

타쓰 키쿠우라 達 菊うら

주소: 도쿄도 신주쿠구 니시신주구 7-16-3 18후지빌딩 1층
전화번호: 03-5389-1719
홈페이지: www.kikuura.com
영업시간: 런치 11:30~13:00, 디너 17:30~21:00, 일·공휴일 휴무
가는 방법: 도쿄메트로 니시신주쿠역에서 나와 오타키바시 토오리 라멘로드에서 조금 더 들어간 곳에 위치
Tip: 1, 2층으로 나뉘어 있는데 1층은 '이타마에코코로 키쿠우라', 2층은 '타쓰 키쿠우라'로 이름이 다르다. 1층에서는 런치로 푸짐한 일본식 정식을 맛볼 수 있고 2층에서는 갓포 요리, 일본 전통 요리를 코스로 맛볼 수 있다.

28 고치소사마. 잘 먹었습니다

바보 남편이 만드는
기가 막힌 소바

| 도시안 |

"빠가야로다네(바보라니까요)~"

50이 훌쩍 넘은 나이지만 귀엽다고 말할 수밖에 없는 단발머리 주인아주머니가 눈으로는 웃으면서 입으로는 푸념을 한다.

정월이랑 추석, 일 년에 딱 이틀만 빼고 매일 밤 10시부터 아침 9시까지 주인아저씨 '도시안' 씨는 드륵드륵 메밀을 간다. 마치 매일 밤, 밑 빠진 독에 물을 길어 부은 콩쥐처럼. 콩쥐는 두꺼비가 독을 막아줬지만 아저씨는 아무도 그 일을 대신 해주지 않는다는 게 문제다. 아니, 아저씨는 오히려 누가 대신한다고 할까 봐 전전긍긍이다. 그러니까 그는 '소바 장인'이다.

하지만 도대체 25년이나 매일매일 남들 다 자는 시간에 메밀을 갈아왔다니. 메밀에 무슨 원수가 진 것도 아니고, 이틀이나 사흘에 한 번씩 간다고 누가 벌 줄 것도 아니고…. 나로서는 도무지 이해하기가 힘들다.

만날 메밀만 갈고 있는 남편보다 고양이가 더 좋다는 도시안의 안주인 미요시 이크코 씨.
오십 중반이 훌쩍 넘었지만 소녀같이 귀엽다. 남편도 B형, 아내도 B형.
평생 싸움이 끝이질 않는다고 말하지만 도시안의 메뉴가 독특한 건 두 명의 B형이 뭉쳤기 때문이다.

'장인'이라는 단어는 역설적으로 '바보', '또라이', '사회 부적응자' 등등을 의미한다는 걸 감안한다고 해도 역시 수긍이 안 된다. 더구나 아내의 말에 따르면 도시안 씨의 행태는 앞뒤가 맞지 않는다. 로터스니 벤츠니 클래식카 수집광인 데다 오토바이 자전거 등 빈티지 스타일의 탈것이라면 뭐든지 미치고, 진공관에 LP에 오디오 마니아이자 음악 애호가다.

아이고, 밤새 메밀가루를 빻고, 낮에는 자는데 차는 언제 몰고 음악은 언제 듣는담. 이상한 것투성이인데 소바 맛은 기가 막힌다.

도시안만의 유니크한 메뉴인 와라비모치와 메밀 케이크.
와라비모치는 100퍼센트 고사리와 까만 꿀과 오키나와 흑설탕으로 만든다. 여기서 배운 기술로
상하이에서 와라비모치만으로 성공한 사람도 있단다. 보통 '열심히'를 모토로 하는 집들은 좀 답답한
법인데, 도시안은 그런 점에서 유쾌한 소바집이다.

연예인, 정치가, 등등 '도시안'은 물어물어 찾아오는 유명한 소바집이다.
특히 차가운 소바가 인기다. 꼬들꼬들하면서 부드러운 면발은 소바에 문
외한인 나도 와, 하는 감탄사가 절로 나온다. 그런데 양은 참 안타까울
정도. 바닥에 쫙 깔아주니 우리나라 보통 남자라면 한 접시로는 턱도 없
이 부족하다.
하지만 25년째 매일 밤 메밀을 갈고 있는 도시안 씨를 떠올리면 도저히
값으로 매길 수 없는 어떤 '가치'를 먹고 있는 것이 아닌가 하는 생각이

하늘의 별만큼 많은 일본의 소바집에서 경쟁력을 갖추려면
결국 '근면함'밖에 없다. 도시안의 소바는 말 그대로
100퍼센트 핸드메이드다. 딱 그날그날 팔 만큼만 소바를
만들곤 다 떨어지면 그냥 끝이다. 더 팔겠다는 욕심을 부리지
않는 것이 '맛'의 비결이다. 특히 냉소바는 꼬들꼬들한데도
딱딱하지 않은 면발이 기가 막히다.

든다.

사실 도시안에는 인상적인 메뉴가 두 가지 더 있다. 다시마키와 와라비모치. 다시마키는 계란말이고 와라비모치는 고사리모치다. 그러니까 다시마키는 소바를 먹기 전에 먹는 애피타이저고 와라비모치는 디저트인 셈.

암암리에 도시안은 다시마키-냉소바-와라비모치라는 코스 메뉴를 제공한다. 특히 와라비모치는 일본 고유의 메뉴로 생전 처음 먹어보는 음식이었는데, 몰캉몰캉하고 달짝지근한 게 정말 둘이 먹다가 하나 죽어도 모를 맛이다.

그러고 보니 도시안은 바보 남편이 추구하는 매우 크리에이티브한 면이 많다. 마지막으로 주인아주머니가 "요것 좀 먹어봐라" 하듯 권해준 메뉴는 메밀케이크. 나처럼 몸에 좋은 것에 집착하는 인간에게 매우 적합하다. 일 년에도 몇 번씩 이렇게 새로운 메뉴를 개발한다고 한다. 주로 시식만 하다가 끝나는 경우가 대부분이지만.

도시안이 정통 소바 스타일을 추구하지만 어딘가 메트로한 느낌이 나는 건 외길을 고집하면서도 '뭔가 다른 것'을 끊임없이 곁눈질하는 'think different'를 추구하기 때문이리라. 그래서 도시안의 맛은 깊으면서도 경쾌하다. 어쩌면 교과서적인 정통 장인은 쉽게 만날 수 있지만 이런 '삐딱한 장인'을 만나기가 더 힘든 세상인지도 모른다.

◆ 동경 식당에서 배우다 1

어깨에 힘을 빼라는 교훈은 비단 골프에만 국한된 것은 아니다. 매사에 진지한 건 부담스럽다. 실제로 태국이나 브라질 광고가 매우 크리에이티브한 건 국민성이 낙천적인 것과 무관하지 않다. 찔러도 피 한 방울 안 날 것 같은 사람보다 어딘지 어눌하고 빈 구석이 있는 사람이 훨씬 더 사랑받는다는 건 만국 공통이다.

세상의 별처럼 많은 소바집이지만 열 손가락 안에 들 만한 식당.

소바 맛만큼 유니크한 아주머니. 와라비모치 등 특이한 메뉴가 늘 톡톡 튀어나올 것 같은 집이다.

아무 데서나 먹을 수 있는 소바지만, 한국 사람 입맛에 딱 맞는 집은 쉽지 않다.

소바집치고는 비싸다. 그래도 계란말이와 디저트까지 먹고 마는 중독성이 있는 집. 배고플 때 찾아가려면 지갑의 현금을 확인하자. 여자도 두 그릇 먹고 싶어진다.

도시안

주소: 도쿄도 미나토구 시로가네 5-17-2
전화번호: 03-3444-1741
영업시간: 11:30〜19:30, 월·화요일 휴무(공휴일일 경우 영업)
가는 방법: 도쿄메트로 난보쿠선 시로가네다이역 1번 출구에서 도보 3분. 역에서 232미터
Tip: 예약 불가, 카드 사용 불가

아버지의 덴푸라와 바나나

| 마쓰바야시 |

"아들은 아버지보다 크다."

아버지의 술 '산토리올드' 광고의 헤드라인이다. "너는 나처럼 살지 말아야 해"라는 아버지의 심정을 이렇게 표현한 것일까. 그런 마음에도 아랑곳없이 세상의 아들들은 아버지의 등을 보고 자라며 어느새 아버지를 닮아가는 자신을 발견하게 된다.

세상 모든 '아버지의 삶'은 비록 그 삶이 아무리 보잘것없다 할지라도 가장으로서의 책임과 의무가 가득한 힘겨운 시간을 견뎌냈다는 것만으로 이미 훌륭하다.

"미안하지만 취재는 원치 않아요"라고 한 번에 거절하는 낡고 오래된, 하지만 말할 수 없이 정갈한 덴푸라집 '마쓰바야시'. 그곳에는 88세의 늙은 아버지와 그 아버지의 세월을 고스란히 이어가는 머리가 희끗희끗한 중년의 아들, 그 부자(父子) 곁에서 그들을 다소곳이 지켜주는 꼬부랑 할머니인 늙은 아내이자 엄마가 있다.

10평도 안 되는 작은 가게. 그보다 더 작은, 2평도 안 되는 주방. 두 사람이 서 있기조차도 버거워 보이지만 아버지는 커다란 튀김 솥에서 덴푸라를 튀겨내고, 아들은 아버지 옆에서 그림자처럼 조용조용 아버지의 시중을 들고 있다.

새우튀김 한 개, 피망튀김 한 개, 야채튀김 한 개, 가지튀김 한 개, 고구마 튀김 한 개…. 그렇게 '아버지와 아들'의 덴푸라를 카운터에 앉아 조용조용 받아먹고 있노라면 마치 아사다 지로의 소설 《철도원》에서 툭 튀어나온 한 장면 같은, 묘하게 경건하고, 묘하게 서글프며, 묘하게 아름다운 기분이 든다. 세상의 어떤 비싸고 화려한 덴푸라가 이토록 '애틋한 맛'을 낼 수 있을까.

마쓰바야시에서 덴푸라를 먹는 50분 동안 나는 마치 남편과 함께 친정집에 가서 아버지가 만들어주신 덴푸라를 먹고 있는 기분이 들었다. 덴푸라와 함께 따뜻한 아키바리 쌀밥, 맑은 된장국, 미니 야채샐러드, 일본식 단무지를 정성껏 차려주는데, 특이한 점은 늘 바나나 한 개를 함께 준다는 것. 일종의 디저트랄까.

가게를 처음 냈을 때부터 지금까지 꼭 바나나를 내놓는데, 아마 전후에 못살던 시절, 귀한 과일의 상징이었기 때문일 것이다. 마치 오랜만에 놀러 온 손자 손녀에게 몰래 숨겨둔 귀한 간식거리를 내주는 마음이 느껴

동경 갤러리아백화점 3층 식당가에서 5000엔짜리 덴푸라덮밥을 먹었을 때의 배신감을 아직도 잊지 못한다. 덴푸라는 축축하고 소스는 너무 짰다. 아무리 자릿세를 감안한다고 해도. 결국 가격이 맛을 담보하지는 않는다. 아, 오늘도 깨끗한 기름에 바싹하게 튀겨주는 마쓰바야시의 새우 덴푸라가 그립다.

한국으로 돌아오는 길, 하네다의 공항 면세점을 기웃거릴
땐 항상 쓰케모노를 들었다 놓았다 하기 마련이다. 매실,
생강… 이름 모를 맛있는 쓰케모노들. 하지만 이상하게도 그
쓰케모노는 한국의 밥상에는 잘 어울리지 않는다. 할머니가
만드셨을 마스바야의 쓰케모노는 마치 김치나 나물처럼
정겹다.

져 먹지도 못하고 손에 꼭 쥐고 나오게 된다. 아이들 손님이 오면 팽이 같은 옛날 장난감을 주는 것도 너무 정겹고 재미있다.

이렇게 신선한 재료를 즉석에서 튀겨주는 덴푸라정식 가게가 긴자 같은 번화가에 있다면 런치에 3800엔 정도는 지불해야 한다. 하지만 이렇게 정성스럽고 맛있는 덴푸라정식을 겨우 800엔에 먹을 수 있다.

만일 새우를 한 개가 아니라 두 개 먹고 싶다면 달착지근한 소스와 함께 올린 '마쓰 돈부리'를 900엔에 먹을 수 있다. 새우튀김 한 개에 100엔만 더 지불하면 되니 매우 합리적이다. 할아버지다운 계산법이 너무 유쾌하다.

벌써 40년이 되었다는데, 전통을 사랑할 줄 아는 일본이기에, 그 아들에 그 아들이 이어받아 마쓰바야시는 계속될 것이다.

이 글을 쓰고 있는 지금도 달려가서 할아버지~ 하고 어리광을 부리며 덴푸라를 먹고 싶은 심정이지만, 동경은 너무 멀다.

◆ 동경 식당에서 배우다 2

"얻고 싶으면 먼저 주어라." 노자의 말이다.
성공의 방정식은 꼭 계산기를 두드려 나오는 것이 아니다. 그 성공이 일시적인 것이 아니라 꾸준한 것이라면. 그렇다고 터무니없이 퍼주면 상대방은 자존심이 상한다. 너무 야박하지 않은 바나나 하나 정도의 푸근함. 사람들이 원하는 것은 그 정도의 따스함이다.

다 먹고 나면 "할머니, 할아버지! 오래오래 건강하셔야 해요"라고 말하고 싶어지는 곳.

덴푸라를 코앞에서 튀겨주니 신기하다. 바나나를 주시는 것도 귀엽다.

좁은데 좁지 않게 느껴진다. 할아버지의 넉넉함 때문일까.

일본, 일본인, 진짜 일본을 볼 수 있는 장소.

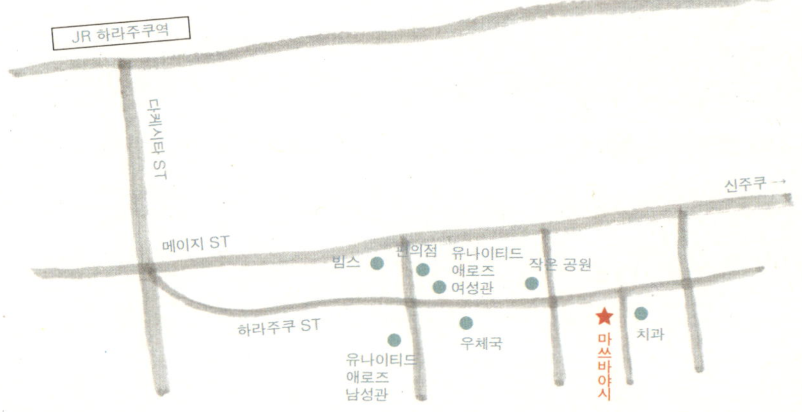

마쓰바야시

주소: 도쿄도 시부야구 진구마에 2-19-15
전화번호: 03-3405-4346
영업시간: 월~토요일 11:30~14:30, 17:00~19:00
가는 방법: JR 하라주쿠역에서 도보로 20분 소요. 다케시타 출구로 나와 다케시타도리를 밑으로 빠져 내려온 뒤 메이지도리를 왼쪽(신주쿠 방향)으로 돌아 건널목을 건넌다. 그런 다음 하라주쿠도리를 따라 내려가 다시 건널목을 건너면 유명 셀렉트 숍인 유나이티드 애로즈 여성관이 나온다. 그 길을 곧바로 2분 더 들어가 오른쪽에 있다.

志
海
金

존 레논과 오노 요코는
이곳을 몰랐을까?

| 시마킨 |

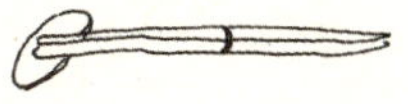

동경대학과 전통 있는 출판사, 게이코가 있는 오차집(다도와 요릿집)으로 시대를 풍미했던 운치 있고 유서 깊은 동네 가쿠라자카. 그 가쿠라자카에는 존 레논과 오노 요코가 손잡고 자주 가서 유명해진 장어집과 존 레논과 오노 요코는 가지 않았지만 아들이, 아들의 손자가, 그 손자에 손자가, 그 손자의 손자의 손자가, 그렇게 7대째 대를 이어오는 유명한 장어집이 있다.

'다쓰미야'와 '시마킨(志満金)'. 여러분이 가고 싶은 곳은 어디인지. 사실, 다쓰미야 주인아주머니와 오노 요코가 친척뻘이어서 "요코야, 논 서방이랑 가끔 들르렴. 요즘 경기도 그렇고 말이야. 너희들 때문에 찾은 손님들 마진은 내가 후하게 쳐서 1퍼센트 떼주지. 흠…"이라고 말했을지도 모를 일이다.

아무튼 나라면 관광객 같은 뜨내기 손님들이 우~ 몰려다니는 곳보다 그 동네 사람들이 괜찮다며 콕 집어주는 가게를 좀 더 선호할 것이다.

동경대 치대를 나와 그 동네를 자기 손바닥보다 훤히 꿰고 있는 니시오카 상과 가쿠라자카 프렌치 레스토랑 라리앙스의 셰프가 추천한 식당이 바로 '시마킨'이다. 그러니까 가쿠라자카를 사랑하는 두 명의 일본인이

꼽아준 것.

장어라는 놈은 잘못 구우면 약간 비리거나 기름기가 많아 느끼해서 다 먹고 나면 커피 생각이 간절한 법인데, 시마킨의 우나기덮밥은 정말 담백했다. 일반적으로 일본의 민물장어인 우나기 요리는 굽는 방법과 다래(소스)로 그 맛의 차이가 결정된다고 한다.

시마킨의 소스는 풍미가 독특했는데(내 생각엔 생강이 좀 들어가지 않았나 싶다), 간장과 미림, 그리고 선조 대대로 내려오는 비밀 레시피로 7대 주인장이 아직도 만들고 있다. 중요한 비법은 굽기.

"우나기를 손질할 때 관서 지방은 배를 가르고, 관동 지방은 등을 가르고, 관동 지방은 우나기를 찐 후에 굽기 때문에 시간이 걸리죠. 그런가 하면 관서 지방은 찌지 않고 굽기만 하기 때문에 수분이 없어지지 않도록 항상 앞면과 뒷면을 번갈아가며 조심스럽게 구워야 하므로 손이 많이 갑니다. 저희 집은 관서 지방의 방법을 고수하고 있지요."

이상, 7대 주인장인 가토 마사시(加勝正) 씨의 말씀.

130년을 이어온 장어의 맛이란 무엇일까. 거기엔
엄청난 맛의 비밀이 숨겨져 있겠지, 라고 생각하는 것은
당연하다. 하지만 주인장 가토 씨는 "열심히 성실하게 하는
것입니다"라는 대답으로 나를 무색하게 했다. 대를 이어야
한다는 말을 한 번도 하지 않은 아버지 때문에 결국 가업을
이을 수밖에 없었다는….
130년 된 장어의 맛이란 그런 것이다.

감각이 좋다는 건 결국 생각이 좋다는 것이다.
은행원으로 잠시 한눈을 팔았다가 결국 대를 이은
가토 씨의 인품이 온화한 건 오랫동안 '차'를 통해
자신과 싸움을 해온 탓이 아닐까. 현대적으로
멋지게 해석된 지하의 정통 차실에서는
매주 다과회가 열린단다. 7대가 넘게 가업을
이어간다는 건 생각의 뿌리가 단단하지 않으면
불가능한 일일 것이다.

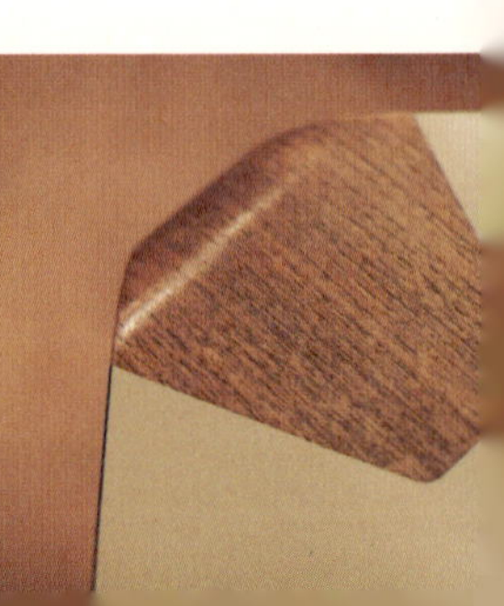

글쎄. 나란 사람은 워낙 공부와는 담을 쌓은 사람이라 이런 식의 공부가 썩 달갑지 않지만, 그 말을 듣고 먹으니 '조심스러운 맛'이 나는 것도 같았다.

이곳에서는 직접 시즈오카에서 우나기 양식장을 운영하는데, 그 양식장에서 직접 싱싱한 우나기들이 부엌으로 짠짠짠 공수된다고 한다.

시마킨의 주방엔 일본 요리 장인 다섯 명이랑 장어 요리 장인 세 명이 사시미 칼을 겨루고 있다. 그러니까 쉽게 말해서 장어집으로 불끈 일어선 알부자란 얘기.

부자들이 모두 다 감각이 좋은 건 아니지만 시마킨에는 모두 수작업으로 이루어지는 일본의 전통 있는 가구 회사 덴도가구(天童木工) 제품이 놓여 있다. 그래서 가게의 전반적인 느낌은 스칸디나비아풍의 모던함과 일본풍의 단아함이 잘 어우러져 있다. 보통 감각은 아니다.

열심히 공부하면서 먹는 모습에 감동을 받았는지 가토 마사시 씨가 꽤 비싼 도시락정식을 맛보게 해주셨다. 일본의 도시락정식은 백화점 지하에서 파는 것이나 동네 도시락이나 모두 웬만큼 훌륭하다. 그런데 시마킨의 도시락은 맛있다는 느낌을 넘어서 품위가 있다고 할까.

식사 말미에 주는 맛차 역시 일품. 알고 보니 지하엔 다도를 할 수 있는 갤러리로 꾸며져 있었다. 단지 열심히 우나기 요리를 하는 '보통 사람들'이 이렇게 멋지게 일본의 다도를 계승하고 즐기는 것을 보니 "문화적으로 일본이 10년은 앞서 있다"는 말이 실감 난다.

가끔 우리는 '유명하다'와 '고급스럽다'를 혼동하곤 한다. 만일 유명한 장어덮밥보다 고급스러운 장어덮밥을 맛보고 싶다면 시마킨을 권해주고 싶다.

◆ 동경 식당에서 배우다 3

우리나라에 가업을 잇는 집안이 드문 건 '부동산 졸부'가 많은 것과 무관하지 않다. 노력하지도 않았는데 어느 날 갑자기 벼락부자가 되는 사람들을 보고 '그래도 나는 열심히…'라고 생각하는 사람이 몇이나 될까. 다행히 한국에서도 이젠 더 이상 그런 일이 쉽지 않게 되었다. GDP 2만 달러 운운하지만 선진국이란 돈만 많은 나라가 아니다.

장어덮밥도 좋지만 도시락이 정말 품위 있다.
확실히 고급 재료를 썼다는 느낌이 든다.

한국 장어에 비해 양이 너무 적다.
특유의 비린내를 싫어하는 사람도 도전할 만한 장어집.

일본에 오면 반드시 우나기를 먹어봐야 한다고 생각한다.
우나기는 역시 소스다.
대대로 내려온 소스를 맛볼 수 있다.

지하의 다도 갤러리도 꼭 들러보시길.
공짜로 일본 차 문화를 경험할 수 있다.

시마킨 志滿金

주소: 도쿄도 신주쿠구 가구라자카 2-3
전화번호: 03-3269-3151
영업시간: 11:00~22:00(연중무휴)
홈페이지: r.gnavi.co.jp
가는 방법: JR 이다바시역 서쪽 출구에서 도보 1분, 도쿄메트로 이다바시역 B3 출구에서 도보 3분, 도쿄메트로 난보쿠선 이다바시역 B3 출구에서 도보 3분

酒種
四色豆づくし
税込 二六三円

참 일본적이다 이 맛 01

세상에서 가장 세련된 빵

기무라야 단팥빵

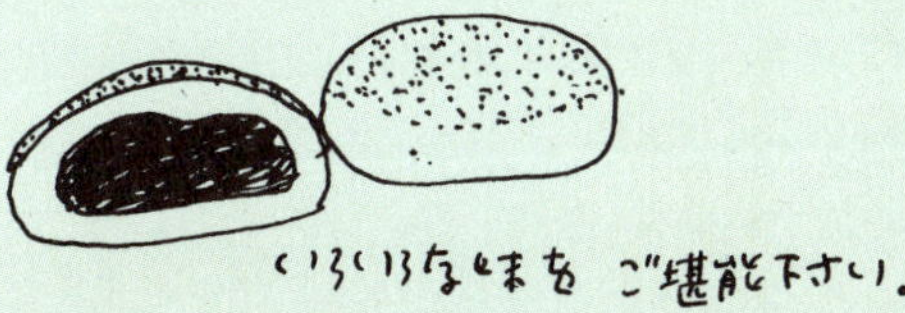

세련됨과 촌스러움의 차이는 뭘까? 똑같은 물건을 놓고 어떤 이는
세련됐다고 하고 어떤 이는 촌스럽다고 한다. 세련됨과 촌스러움이란
화두는 요즘같이 '감각'이 중요한 잣대가 되는 세상에서는 "어휴, 그것도
눈이라고 달고 다니냐, 안목 좀 키워라" 어쩌고 하면서 인신공격의
수순으로 넘어가기 십상인 매우 민감한 화두다.
나의 좁은 식견으로는 세련됨과 촌스러움은 본질에 얼마나 충실한가,
아닌가의 문제다. 자기 정체성이 확실할 때, '답다'라는 본질에 충실할 때
사람들은 개인적인 호불호를 떠나 세련됐다고 말한다.
예컨대 부러워하는 '무엇'이나 '누군가'와 비슷해 보이려고 덕지덕지
포장하고, 고치고, 닮은 척하면 그것은 세상에서 가장 촌스러운 것이 될
가능성이 100퍼센트다.
그런 이슈에서 '빵'이라고 예외일 수는 없다. 요즘 트렌드는 프랑스빵.
대형 프랜차이즈 빵집이든, 동네 빵집이든 간에 정체불명의 허브나
치즈를 넣어 프랑스빵을 흉내 낸 '적당한' 수준의 빵들이 쇼 케이스
전면에 진을 치고 있다.
하지만 그 혼란한 와중에 철통같은 뚝심으로 자신의 본래 모습을
잃지 않고 버티고 있는 빵이 몇몇 있는데, 그중 하나가 흔히
'앙꼬빵'으로 불리는 앙팡, 즉 '단팥빵'이다. 역사와 전통을 자랑하는
단팥빵이 변함없는 베스트셀러인 건 한국이나 일본이나 다를 바 없는
모양이다. 세계에서 가장 땅값이 비싼 긴자 한복판에 141년이나 된
'기무라야(木村屋)'가 떡하니 버티고 있는 걸 보면.

단팥빵은 누구나 "나도 왕년에 단팥빵 좀 먹어봤어"라고 말할 만큼
흔하기에 "야, 진짜 맛있다"라는 말을 듣기 어렵다.
그렇다면 긴자 기무라야의 앙팡은 어떻게 141년 동안이나 변함없이
지지를 받아온 걸까? 기무라야의 브로슈어를 꼼꼼히 정독한 바로는
그 비법은 바로 누룩 발효법이다. 그러니까 서양식 이스트를 쓰지 않고
누룩으로 발효를 한다는 것. 아하, 그래서 빵의 질감이 찐빵과 비슷하게
쫄깃쫄깃한 거구나. 무릎이 탁 쳐진다.
마침 내가 기무라야를 방문했을 때는 오픈 141주년 할인 행사를 하고
있어 손님이 미어터졌다. 기다란 나무 상자에 반질반질하게 갓 구워낸
단팥빵들이 차례를 기다리며 차곡차곡 줄을 서 있는 모습은 명품
핸드백이 좌악 늘어서 있는 것보다 훨씬 더 아름다웠다. 루이 비통 매장
앞에서 진을 치는 여자들보다 훨씬 더 많은 여자들의 틈을 겨우겨우
비집고 들어가 욕심껏 앙팡을 샀다.
사쿠라(겹벚꽃 소금절임) 세 개, 캐시(양귀비) 네 개, 오구라(통팥) 네 개,
우스구이(푸른 완두) 세 개, 시로(흰 까치콩) 두 개.
긴자 거리 한복판에서 신호등을 기다리며 야금야금 한입씩 맛보았다.
겨울 햇살은 따뜻하고 앙팡은 말랑말랑, 달콤하고…. 문득 이와이 순지의
〈4월 이야기〉에 나오는 여주인공이 생각났다. 순수한 기쁨에 행복해졌다.

손님을 위해
'화이트'만 남겼습니다

| **오하라 에 시아이이** |

법정스님을 다룬 다큐멘터리에서 스님의 작은 선방을 본 적이 있다. 한 사람 겨우 몸을 누일 정도의 작은 방에 다탁 하나, 찻잔 하나, 햇빛 한 줌. 그러고는 그냥 여백이었다. 법정스님은 무소유란 아무것도 갖지 않는 것이 아니라 불필요한 것을 갖지 않는 것이라 말했지만 "이건 내게 필요 없는 것이야"라고 욕심을 접는 일 또한 대단한 내공이 필요한 일이 아닐까. 세상 모든 일이 다 그렇다. 채우는 것보다 비우는 것이 어려운 법. 가진 것이 많을수록, 배운 것이 많을수록 그건 더 어렵다.

프렌치 레스토랑 '오하라 에 시아이이(Ohara et CIE)'의 문을 열고 들어선 순간의 느낌은 '앗, 하얗다'였다. 테이블, 의자, 벽, 바닥, 접시 등 모든 것이 화이트. 흔한 그림도, 흔한 조각품도, 하다못해 로고 사인도 없다. 그냥 텅 빈 하얀 캔버스 같다고나 할까.

오너이자 셰프인 오하라 마사히코 씨는 그 느낌을 '무기질한 청결감'이라고 표현한다. 왜 이런 인테리어를 했느냐고 물으니 이 숍은 빈 화폭일 뿐이고 손님과 요리의 색으로 그 화폭이 완성되는 것이라고 생각하기 때문이란다.

와우. 그의 철학은 정말 멋지다. 그렇다면 오하라 에 시아이이는 매일매

일 다른 퍼포먼스가 펼쳐지는 거대한 화폭이라는 뜻. 그래서인지 그의 요리는 하나하나가 마치 미술관에 전시되는 작품 같은 느낌이다. 커다란 화이트 접시 중 3분의 2쯤 남기고 요리를 담아내는 것도 작품 같은 느낌을 더해준다.

왼쪽 페이지 오마루 새우젤리와 콜리플라워 무스에 캐비아를 얹은.수프.
오른쪽 페이지 농어 포아레(쪄서 구워냄)와 프로방스풍 야채 마리네(marine).

프랑스 요리는 이름이 길다. 그만큼 하고 싶은 얘기가 많다는 뜻일 게다. 오하라 에 시아이이의 요리는 메뉴의
이름이 머리가 지끈지끈할 정도로 길지만 다 먹고 나면 "아… 그럴 만하군"이라는 결론에 이르게 된다.

맛은 어떨까. 여러 색의 물감을 배합한 듯 그러데이션한 맛이 나는 포타
주는 '아, 이런 걸 프랑스 요리라고 하는구나' 하는 생각이 들 정도로 디
테일한 기품이 느껴진다.
셰프의 설명에 따르면 최근의 컨템퍼러리한 프랑스 요리는 왠지 너무 과

왼쪽 페이지 프랑스산 비둘기 로스트.
오른쪽 페이지 파인애플 밀푀유(millefeuille, 크림과 잼이 겹겹이 든 파이)와 라임 풍미의 코코넛 아이스크림.

365일 동안 524가지의 요리를 섭렵해 블로그에 올리는 영화 〈줄리 앤 줄리아〉를 보면 프랑스 요리는 감히 일반인들이 접근할 수 없는 복잡한 레시피의 세계라는 것이 몸으로 느껴진다. 오하라 에 시아이이의 요리 또한 '아, 프랑스 요리는 일반인들이 쉽게 운운할 수 있는 것이 아니구나' 하는 것이 몸으로 느껴진다.

학적인 공식으로 해석한 듯한 느낌이라서 감성과 본능에 충실한 전통적인 프랑스 요리의 세계를 추구한다고.
알은척 고개를 끄덕이긴 했지만 안타깝게도 프랑스 요리에 문외한인 나로서는 무슨 말인지 알 수 없었다. 사실 오하라 에 시아이이의 메뉴는 불순물이 전혀 끼어들지 않은 99.9퍼센트 순금처럼 모든 것이 빈틈없이 정리된 스타일인 듯하지만 이상하게도 인간적이라는 생각이 들었는데, 오하라 마사히코 셰프의 이 한마디에서 그 이유를 찾을 수 있지 않을까.
"요리는 감사다."
사실 손님을 진정으로 생각한다면 멋보다는 맛이 먼저일 것이다. 365일 동안 524가지의 프랑스 요리에 도전해 블로그에 올리는 스토리를 담은 영화 〈줄리 앤 줄리아〉에는 "인생의 비밀은 버터"라는 대사가 나온다. 그만큼 프랑스 요리란 버터와 크림으로 점철된 '기교'의 대명사라는 뜻.
하지만 오하라 에 시아이이의 요리는 기교보다는 맛이 먼저 느껴진다. '감사'를 표현하고 싶다는 셰프의 말처럼 정말 '내가 손님으로 대접받고 있구나' 하는 행복한 기분이 든다.
꾸미고 치장하는 일은 속이 텅 비었을 때, 그 모자람을 감추기 위한 것이다. 내 속이 꽉 찰 때 비로소 비울 수 있다. 오하라 에 시아이이는 나의 삶은 지금 어떤 단계인가 생각하게 해준다.
비우고 있는가? 채우고 있는가? 화이트로 비워놓은 오하라 에 시아이이처럼 나를 비워야만 상대방이 들어올 수 있다는 생각도 든다. 그러고 보면 의도하지 않았을지도 모르지만 오하라 에 시아이이는 상당히 철학적인 레스토랑이다.

화이트의 '화려함'을 느낄 수 있는 곳.

신도시의 느낌. 파리의 라데팡스가 연상된다.

로맨틱한 데이트를 하고 싶을 때.

상대방에게 '고급'이란 이미지를 남기고 싶을 때 추천.

오하라 에 시아이이 Ohara et CIE

주소: 도쿄도 니시아자부 1-11-15 니시아자부 Y-FLAT 지하 1층
전화번호: 03-3571-1551
홈페이지: www.eatpia.com/restaurant/ohara-nishiazabu-french
영업시간: 화~일요일 12:00~15:30(런치), 18:00~23:00(디너), 월요일 휴무
가는 방법: 도쿄메트로 히비야선 롯폰기역 2번 출구에서 663미터, 도보 8분
Tip: 런치로는 전채, 수프, 생선 혹은 고기, 디저트로 이루어진 셰프 추천 코스를 즐겨보길(2800엔)

그럼에도 불구하고
1000엔으로는
먹기 힘든 야끼니쿠

| 키라쿠토리야마 |

나는 '왜?'라는 단어를 별로 좋아하지 않는 유형의 인간이다. 예컨대 좋으면 그냥 좋고, 싫으면 그냥 싫다. "왜?"냐고 따지고 물으면 말문이 막힌다. 깊이 공부하지 말고, 깊게 생각하지 말자. 단순무식은 정신 건강에 유익하다는 게 나의 철칙이다.

그런데도 내가 만일 전통 일본식 식당을 운영한다면 어쨌거나 공부를 해야 할 것 같다. 나는 일본 사람이 아니니 당연히 일본 문화에 대해 일본의 초등학생만큼도 모르기 때문이다.

그냥 간장 몇 스푼, 마늘 몇 쪽, 쇠고기 몇 그램 식의 레시피만으로 되지 않는 분야가 '전통'이란 것이 아닌가. 요리에는 몇백 년을 걸쳐 내려온 이야기가 숨어 있기 마련이고, 그 나라 사람들이 가진 고집과 자존심이 걸려 있다. 그것을 이해하지 않고, 마음속 깊이 공감하지 않고 음식을 만든다면 '기본'이 되어 있지 않은 것이다.

키라쿠토리야마는 정말 맛있는 한국식 숯불구이집으로 소개받은 레스토랑. 하지만 셰프 코데라 씨와 얘기를 하는 동안 점점 더 '뭐야, 이거' 하는 생각이 들었다.

"한국의 불고기 양념 소스는 일본에서 전해진 것으로, 내가 견습생이었을 당시 일단 만들어달라고 해서 간장, 술, 설탕을 넣어 만든 것이다. 내가 한국에 갔던 10년 전만 해도 양념 불고기라는 건 없었다."

사실 불고기 양념 소스를 한국에서 만들었든, 일본에서 만들었든 그게 무슨 대수일까마는, 일본과 한국은 왠지 물에 물 탄 듯, 술에 술 탄 듯 넘어갈 수 있는 관계가 아닌 게 늘 문제다.

"그런 소스는 우리 할머니 시대에도 있었고, 워낙 일본은 고기를 먹지도 않는 나라였는데 무슨 소리냐"고 발끈하니 '그건 아닌데' 하는 눈으로 나를 쳐다보았다.

비록 재일동포에게 배운 것이지만 30년 동안 '조선 요리'로 잔뼈가 굵었으니 쉽사리 수긍할 수 없을 것이다. 하지만 역시 김치도 달달하고, 콩나물무침도 달달하고 정통 한국 맛은 아닌 걸 뭐.

속이 좀 상했지만 소개해준 니시오카 상의 얼굴도 있고 해서 일단 양증 맞은 석쇠 위에 올린 고기를 한 점 입속에 넣었다. '젠장, 쇠고기도 일제야…' 하는 욱한 마음이 들었다. 와규란다. 한우도 맛있지만 와규는 마블링이 환상이다. 워낙 기름져서 많이 먹을 수 없지만 한 점만 먹어도 부드러운 식감 때문에 행복해진다.

사실 고기가 맛있는 집은 많다. 숯불구이를 잘하는 집도 많다. 문제는

한국식 숯불구이집이지만 일본 철판구이집보다 더 수준 높은 고기가 나온다. 파로 덮인 우설과 조미노(양), 생간 등 평소에 먹기 힘든 다양한 부위를 맛볼 수 있다. '소는 한우야'라고 생각하는 사람도 키라쿠토리야마의 고기를 먹으면 왜 와규가 그토록 비싼지 고개를 끄덕이게 된다.

가격. 일본 철판 요릿집에서도 보기 힘든 상질의 와규 갈비를 런치에 900엔, 1000엔으로 먹을 수 있는 집은 아마 없지 않을까.

코데라 씨는 질 낮은 고기로 가격을 맞추는 것이 아니라 좋은 자투리 고기를 잘 활용해 질 높은 고기로 가격을 맞추는 매우 합리적인 생각을 해냈다.

그래서 점심시간엔 말 그대로 손님이 미어터진다. 저녁도 5시에 예약은 필수, 7시엔 힘들다. 여자 두 명이 찾았다면 니쿠노 모리와세(모둠 고기: 꽃등심, 로스, 안창살, 퀴)를 시키면 정말 최고 수준의 고기를 맛볼 수 있다. 그리고 파에 덮인 우설은 정말 기가 막히다. 그것 말고도 생간, 천엽 사시미, 육회, 양…. 그야말로 버라이어티한 와규의 천국을 맛볼 수 있다.

고깃집의 생명은 고기에 대한 이론이 아니라 고기의 질과 맛이다. 한국식 불고기의 유래에 대한 공부가 부족한 건 유감이지만, 어쨌든 최상질의 고기를 합리적인 가격에 손님들에게 제공하겠다는 그의 생각은 매우 훌륭하다.

휴, 모든 것이 완벽하기를 바라는 것은 너무 큰 욕심일까.

환상의 마블링을 보고 싶다면.
고기가 입에서 그냥 녹는다.

한국 슈퍼마켓에서 파는 '와규'와는 차원이 다르다.

1000엔에 숯불구이를 먹을 수 있다.
와우, 베지테리언인 나도 반했다.

예약이 차고 넘치는 곳. 오후 5시에 가면 먹을 수 있다.
동경에서 최상질의 쇠고기를 즐기고 싶을 때 강추.

how to get

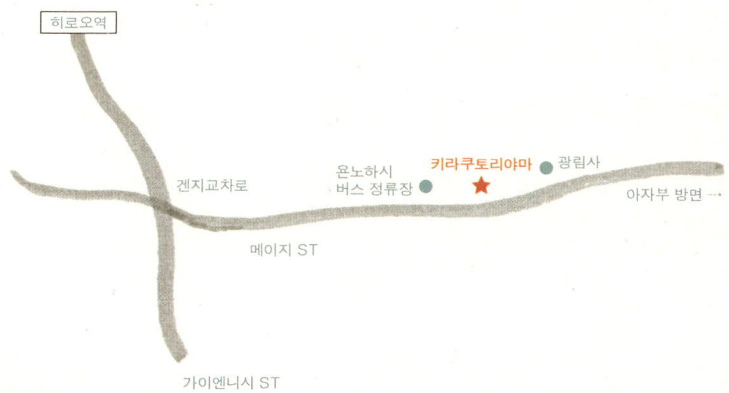

키라쿠토리야마 Kirakutoriyama

주소: 도쿄도 미나토구 미나미아자부 4-11-26 미나미아자부빌딩 지하 1층
전화번호: 03-3442-0729
홈페이지: www.kirakutei.net
영업시간: 11:30~14:00(런치), 17:00~00:00(디너)
가는 방법: 시부야역에서 신바시행 06번 버스를 타고 코린지마에 정류장에서 하차. 고린지(광림사)라는 절 못 미쳐서 있다.
Tip: 예약 필수. 예약 없이 간다면 오후 5시 정도에는 디너를 먹을 수 있고 런치는 긴 줄을 서야 한다.

1960년대 긴자,
그 메트로한 노란색

|유|

헬레나 노르베리 호지 여사가 쓴 《오래된 미래》란 책의 제목을 처음 보았을 때 받은 그 신선한 충격을 아직도 잊지 못한다. 미래가 아니라 오래된 과거에서 '희망'을 본다는 건 얼마나 아이러니한가. 전통을 고집한다는 건 단순히 '지킨다는 것' 이상의 의미가 있다. '꼭 앞만 보고 달려가는 것만이 능사는 아니구나'라는 사실을 깨닫게 해주어 삶의 행간에 숨겨진 중요한 의미를 읽도록 도와준다.

문 연 지 40년이 넘었다는 긴자의 커피숍 '유(You)'는 가장 번화한 동경의 긴자, 그야말로 바쁘게 돌아가는 메트로한 그곳에 '옛날 그대로' 있었다. 타임머신을 타고 40년 전으로 돌아간 듯한 착각.

'가부키좌'에서 방금 공연을 보고 나온 기모노 입은 사람들, 옛날 역전 다방이나 공중목욕탕에서 주던 노란색 물수건, 생크림을 넣어 먹는 일본 다방식 커피, 그리고 '볶은 밥을 계란지짐으로 덮은 요리'란 사전적인 의미의 오므라이스도 그대로였다.

피터, 황 실장, 남편 그리고 나까지 우리 네 명 모두 "어, 옛날 그 맛이네" 그랬다. 박 원장은 대학입시를 치르던 날 구내식당에서 처음 먹은 오므라이스, 생전 처음 촌놈이 먹어본 그 충격적인 샛노란색 그대로라고 감탄

다방에서 오므라이스를 먹는다는
건 뭔가 매우 문학적이다.
거기다 냅킨이 아니라 노란색
물수건이라니…. 원래 You가 있던
건물이 너무 낡아 무너져 내릴
지경이 되어 새로운 가게로 이사를
했다. 맛은 여전하지만 가구나
인테리어가 새것이라 조금 아쉽다.

한다. 나도 그랬다. 미군 부대의 암시장에서 산 미제 마가린으로 밥을 볶고, 미제 케첩으로 모양을 낸 엄마의 오므라이스. 그 오래된 고소한 맛 그대로였다.

멋진 레스토랑들이 줄지어 문을 열고, 온갖 화려한 기교로 맛을 낸 음식들이 즐비한 도심 한복판에서 어떻게 '변화'의 유혹을 참아낼 수 있었을까. 그 놀라운 시간의 가치는 겨우 900엔.

그날, 유의 오므라이스는 기억 속의 맛보다 훨씬 더 찰랑찰랑하고, 훨씬 더 부드럽고, 훨씬 더 맛있었다. 아마도 그리움 때문이었으리라.

 요즘 유행하는 오므라이스가 아니라 진짜 일본적인 오므라이스. 너무 찰랑찰랑해 한 접시가 후딱 없어진다.

 엄마가 만들어준 듯한 맛이 나는 오므라이스.

 진짜 기가 막힌 오므라이스. 생각하지도 못했던 심플 요리.

 일본 다방 오므라이스의 심플함만큼 일본의 메뉴얼대로 사는 일본인의 단순함을 느낄 수 있다.

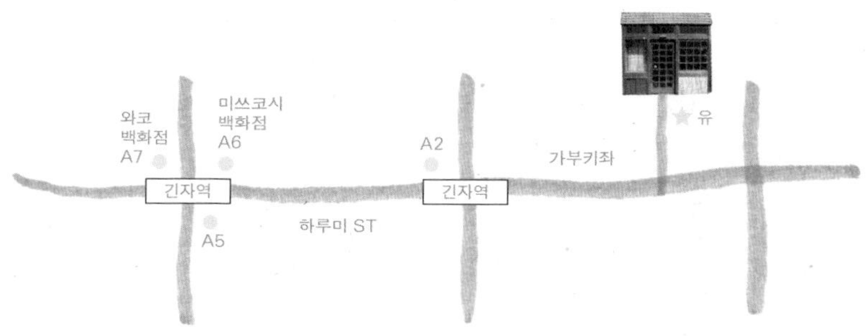

유 You

주소: 도쿄도 주오구 긴자 4-13-17 타카노빌딩 1층
전화번호: 03-6226-0482
홈페이지: http://www.kissa-you.com
영업시간: 평일 09:30~22:00, 토·일·공휴일 10:30~22:00(연중무휴)
가는 방법: 도쿄메트로 히비야선 히가시긴자역 5번 출구에서 도보 1분, 도쿄메트로 아사쿠사선 히가시긴자역에서 도보 1분
Tip: 카드 사용 불가

무라카미 하루키는 늘
No.3 커피를 마신다

| 다이보 커피점 |

♪

How Many Roads Must Man Walk down

before You Call Him a Man

…

"이 노래가 좋은지 나쁜지는 잘 모르겠지만 옳다는 생각은 듭니다."
밥 딜런이 모 방송사와 나눈 인터뷰에서 한 말이다. 맞다. 'Blowing in the Wind'는 그런 노래다.
비단 노래만 그럴까. 인생도 그렇고 음식도 그렇다. 때론 좋고 나쁨보다 옳고 그름이 더 절실할 때가 있다. '다이보 커피점(大坊珈琲店)'의 커피를 맛보았을 때도 그랬다. 맛있고 맛없는 것을 따지기 전에 옳은 것을 마시고 있다는 느낌. 다이보 드립커피의 맛은 시다, 달다, 묽다… 같은 단어를 허용하지 않는다. 그냥 그대로 정관사 'the'를 붙인 'coffee'라고 할까.
솔직히 다이보의 커피는 매우 진한데, 왠지 "너무 진하다"라고 하면 "짜식, 커피 맛도 모르면서"라는 말을 들을 것 같은 기분이 든다. 그건 아마 과학자가 정밀한 기계를 다루듯 2초에 한 번씩 드륵드륵 핸드 로스팅 기

계를 돌리면서 정교하고 정확하게 커피를 볶는 다이보 가쓰지(大坊勝次) 씨의 '포스' 때문인지도 모른다.

다이보 커피점은 세상 모든 트렌드가 뒤죽박죽 섞인 하라주쿠와 최첨단 건물인, 안도 다다오의 오모테산도힐을 지척에 둔 곳에서 남들이야 그러거나 말거나 묵묵히 '옛날'을 지키고 있다. 아무것도 바꾸지 않은 채, 단지 어쩔 수 없는 '시간의 고단함'만 쓸고 닦을 뿐이다. 그렇게 그냥, 그 자리에서 드립커피로만 34년. 그 이상 어떤 구구한 설명이 필요할까.

사실, 이곳은 무라카미 하루키의 단골 카페다.

당신이 어디에 살고 있는지 나는 모릅니다만, 만약 도쿄에 거주한다면 오모테산도 교차점 근처에 있는 '다이보'라는 커피 가게의 커피는 매우 맛있어요. 나는 대체로 언제나 '3번'의 진함으로 마시고 있습니다. 여기서는 콩도 판매합니다.

—《꿈의 서프시티》中

와우, 멋지지 않은가.

3.20g 100cc 600円ブレンド

커피의 농도에 따라 번호를 매기니 하루키는 적당히 진한 커피를 좋아한다는 말씀. 사실, 다이보에서 무라카미 하루키의 흔적을 발견했다. 선반 위의 문고판 책을 뒤적이다가 우연히. 친필 사인을 해서 책을 선물할 정도로 다이보 가쓰지 씨와는 '친구' 같은 사이란다. 역시 예상대로 다이보는 세상의 속도에 반 발짝 뒤처지는, 하지만 그 속도를 따라잡을 생각 같은 건 하지 않는, 예컨대 '아날로그 마니아'들의 카페라고나 할까. 흠.

다이보엔 값비싸고 폼 나는 배전 기계 같은 건 보이지 않는다. 그 흔한 커피머신 같은 것도 없다. 그저 34년 동안 똑같은 동작을 반복해온, 한 번도 고장 난 적이 없는 다이보 가쓰지 씨의 '손'이 다이보에서 가장 값비싼 기구다.

특이한 점은 양손으로 드립을 한다는 것. 그 이유를 물으니 "혹시 오른손을 못 쓰게 되면 왼손으로 드립을 해야 하니까 연습을 하다 보니"라고. 헉! 숨이 막혔다. 완벽한 것들 뒤엔 우리가 간과하는 치열함이 숨어 있는 법이다.

우리는 빈틈없는 것들에 대해 비인간적이라고 매도하지만 자신의 세계를 지키기 위해 얼마나 참고 인내했을지 생각하면 너무 쉽게 남의 인생을 평가하고 재는 건 아닐까, 하고 되돌아보게 된다.

"카페란 뭔가요?"

멍청한 질문을 했다.

"미니 커뮤니케이션이라고 생각합니다."

현답이 돌아왔다.

브라운, 블랙, 그레이…. 다이보는 채도가 낮다.
그래서일까. 스트레스로 머리끝까지 열에 들떠
있더라도 커피를 홀짝이다 보면 나도 모르게
마음이 낮게, 낮게 가라앉는다.

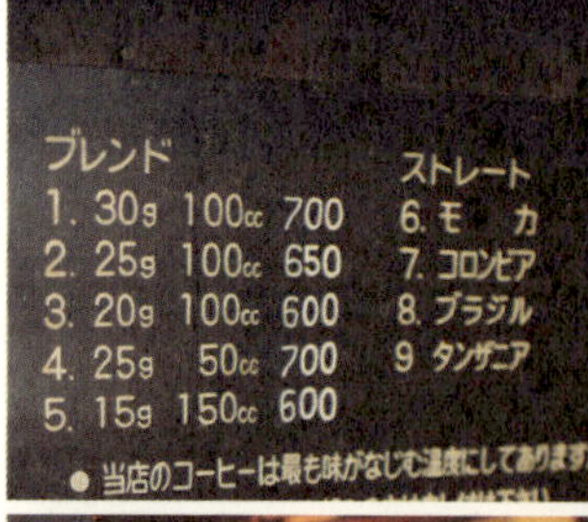

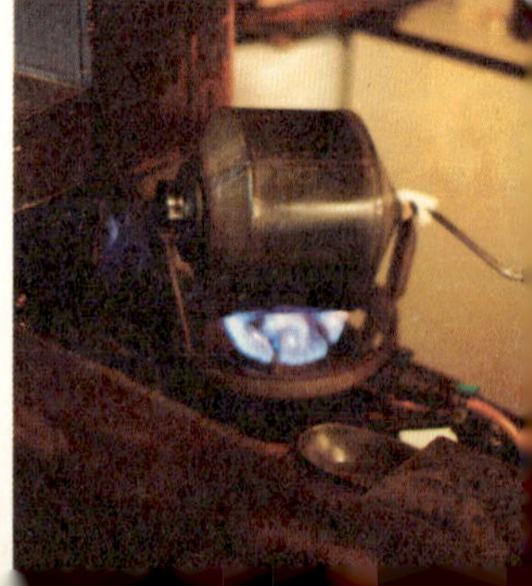

무라카미 하루키는 왜 다이보를 좋아했을까?
어쩌면 달이 두 개 떠 있는 《1Q84》의 세상처럼
무아지경(無我之境)에 이르는 이상한 경건함에
매료되었을지도 모른다.

세상을 바꾸는 건 어쩌면 대단한 무엇이 아니라 사람과 사람 간에 쌓인 작은 커뮤니케이션일지도 모른다. 정보가 흘러넘치는 세상이지만, 정작 가슴을 울릴 수 있는 '진실한 팩트'는 직접 얼굴을 마주 보고 느끼는 것에서 나오니, 카페란 우리 사회의 참 중요한 '공간'인지도 모른다.

우리가 취재하고, 커피를 마시고, 그와 얘기를 나누는 동안 최소한의 동작으로 조용조용 움직이는 또 한 사람이 있었다. 그의 부인. 고등학교를 졸업한 뒤부터 지금까지 남편 곁에서 커피를 갈고, 그릇을 씻고, 주문을 받고, 계산을 하는 '보조' 일을 너무도 정성스레 하고 있다. 나도 여자라 지극히 일본적인 그녀의 방식이 그다지 마음에 드는 건 아니지만 아무튼 대단하게 느껴졌다.

이른 아침인데 젊은 남자가 노끈으로 묶은 커다란 사각형 얼음을 배달했다. 제빙기 같은 건 쓰지 않고 일일이 송곳으로 깬 삐뚤빼뚤한 얼음을 아이스커피에 띄워준다고 한다. 다이보의 아이스커피는 국그릇 같은 커다란 진흙 사발에 담겨 나온다. 만일 여름에 다이보에 들른다면 꼭 아이스커피를 마셔보라고 권하고 싶다. 그야말로 '다이보的인'것의 진수를 경험할 수 있을지 모른다.

내가 미처 의식하지 못하는 동안 키스 자렛의 '쾰른 실황 콘서트' 음반의

웬일인지 '매일 똑같은 동작을 한다'는 것이 무시되는 세상이 되어버렸다. 마치 기계처럼 정확히 드립을 하는 다이보 가쓰지 씨의 손을 보면 요즘 사람들에서 좀처럼 기대할 수 없는 '강한 믿음'이 느껴진다.

곡들이 흐르고 있었다. 다이보 씨가 매우 좋아하는 음악이고, 거의 매일 튼다고 한다.

연습실의 피아노가 조율이 되어 있지 않다는 이유로 버클리 음대를 중퇴했다는, '또라이'적인 천재 재즈 피아니스트 키스 자렛. 마치 수도자가 수행을 하듯 커피에 관한 일련의 방식을 34년간 변함없이 고수해온 다이보 가쓰지 씨가 즉흥적인 행위예술 같은 키스 자렛의 음악을 좋아한다는 것이 아이러니하게 느껴졌다.

오래된 나무와 방금 배전한 커피콩의 뜨거움으로 시커멓게 타버린 소쿠리, 뚜껑이 빨간 원두 보관 유리병, 세월에 닳은 커피 잔들, 키스 자렛의 음악. 다이보의 경쟁력은 어쩌면 커피가 아니라 '시간'인지도 모른다. 다이보에서 나와 '현실'의 햇빛 속에 섰을 때 왠지 이전의 나와 '지금의 내'가 달라진 것 같았으니까.

좀 더 근사한 인간이 된 것 같은 기분이랄까. 단지 커피 한잔을 마셨을 뿐인데 그런 기분이 들게 하는 커피 전문점. 진짜 멋있지 않은가?

◆ 동경 식당에서 배우다 4

세상의 '진짜'들을 많이 만나다 보면 내 자신도 진짜가 될 가능성이 많아진다.
먹는 것, 입는 것, 보는 것…. 진짜를 경험하는 연습을 게을리 하지 말자.

오모테산도힐에 갈 일이 있다면 무조건 들러야 한다.
다이보를 놓치면 평생 후회할지도….

세월이란 멋진 가치다. 그런 경험을 원하는 분에게 강추.

커피 마시며 명상하는 느낌.
마치 수도원에 와 있는 것처럼 경건한 느낌이 든다.

나의 가장 사치스러운 장소.
나를 위한 시간을 만끽하고 싶을 때 찾는다.

how to get

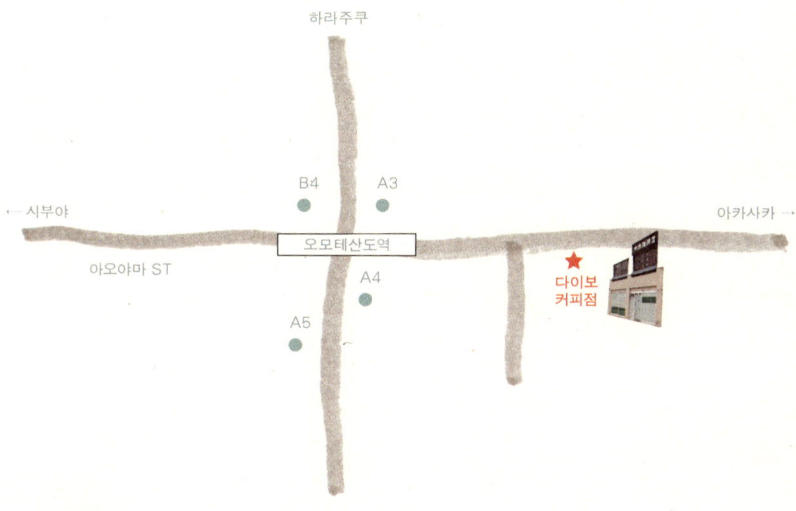

다이보 커피점 大坊珈排店

주소: 도쿄도 미나토구 미나미아오야마 3-13-20 2층
전화번호: 03-3403-7155
영업시간: 월~토요일 09:00~ 22:00, 일요일·공휴일 12:00~20:00
가는 방법: 도쿄메트로 오모테산도역 A4 출구에서 아카사카 방면으로 246이란 큰 도로를 따라 1분 정도 걸으면 2층에 자리 잡고 있다.

가이세키界의 '라디오 스타'

| 시부시키후네 |

'Video Kill the Radio Star.' ♪

버글의 노래 중 한 대목. 공감이 가면서도 서글픈 마음이 드는 건 어쩔 수 없다. 이제 본질 같은 건 중요하지 않은 세상이다. 가수는 노래만 잘하면 된다는 정의는 더 이상 유효하지 않다. 쭉쭉빵빵 걸 그룹이나 식스팩으로 무장한 짐승돌이 아니고서는 유명해지기는커녕 TV에 얼굴을 내보이기조차 힘들다.

이것이 비단 가요계만의 이야기일까. 정치, 문학, 요리, 건축, 광고 등 모든 분야에서 라디오 스타들은 비디오 스타들에게 밀려 "나도 왕년엔…"이라고 중얼거리며 술로 세월을 죽이고 있다.

이번 런치기행에서도 그런 라디오 스타를 만났다. 70년 전통을 자랑하는 모토긴자(元銀座)의 최고급 가이세키 요릿집 '기후네(喜船)'. 단골손님은 내로라하는 정·재계의 VIP. 하지만 버블경제의 파탄과 동시에 가게도 도산하고 정말 "왕년엔…"이라고 할 수 있는 최고의 일본 요리 셰프 이타마에(板前) 씨의 화려한 나날도 막을 내렸다. 이타마에 씨의 솜씨를 아깝게 여긴 쓰키지 어시장, 야마후수산(やまふ水産) 사장의 배려로 지금의 '시부시키후네'가 운영되고 있다.

"우리가 남이가."

그런 세계가 있는 법이다. 아무 조건 없이 밀어주는, 마치 영화 같은 이야기. 하지만 현실은 언제나 영화처럼 아름답지도 멋지지도 않다. 그의 식당은 깔끔하긴 해도 누추하다. 하지만 '명불허전'이란 사자성어는 이타마에 씨를 두고 하는 말. 비록 컴컴한 지하층에서 몇 명 안 되는 후배들을 가르치고 요리를 만들지만, 그의 솜씨만은 녹슬지 않았다. 말린 숭어 난소, 며칠 동안 된장에 담근 생선 등 재료부터 '이건 보통 인간이 먹는 게 아니구나…'라는 생각이 들게 한다.

그의 오랜 단골인 니시오카 상의 아버지와 니시오카 상의 추천으로 한국인들이 찾은 만큼 그도 오랜만에 비장의 솜씨를 발휘한 듯했다. 마치

들은 풍월로는 작은 접시가 많을수록 더 비싸다고 하는 가이세키 요리. 일본 '접대 철학의 극치'라고 할 만하다. 하지만 '푸짐하다'와 '잘 차렸다'는 말을 동의어로 여기는 우리 정서로는 사실 좀 유난을 떤다는 기분이 든다. 다행히 시부시키후네의 가이세키 요리는 기교보다는 맛에 더 신경을 쓴 것 같아 먹고 난 다음 느끼는 '허탈함'이 훨씬 덜하다.

야끼모노 (욕돔사이쿄야끼: 된장을 바르고 며칠동안 담근 생선)

우치가와리
(입가심용 술안주요리)

카라스미 (숭어말린 것)
찌리맨쟈코
아리마니

사키즈케 (대표적 진미)
: 콘실말, 숙채, 야마토이모

사시미 2.
성게, 키조개, 문어

사시미 1.
참치, 천연도미, 오징어

후쿠축쿠다니
(설탕, 간장으로 조린 머위)

스이모노 (국)
: 갯장어, 송이

미즈카시 (과일)
: 무화과를 꿀로 삶은 것

가이세키 요리는 마치 산수화를 그리듯 그 계절의 맛과 향을
내야 하는 것이 특징이다. 때문에 각종 나뭇잎이나 꽃이
장식용 소품이 되는 것은 당연지사. 빈 수레가 요란하다는
말도 있지만 보기 좋은 떡이 먹기도 좋다는 말도 있으니
모양내는 것을 겉치레라고 생각하는 것도 어쩌면 버려야 할
우리네 고정관념일지 모른다.

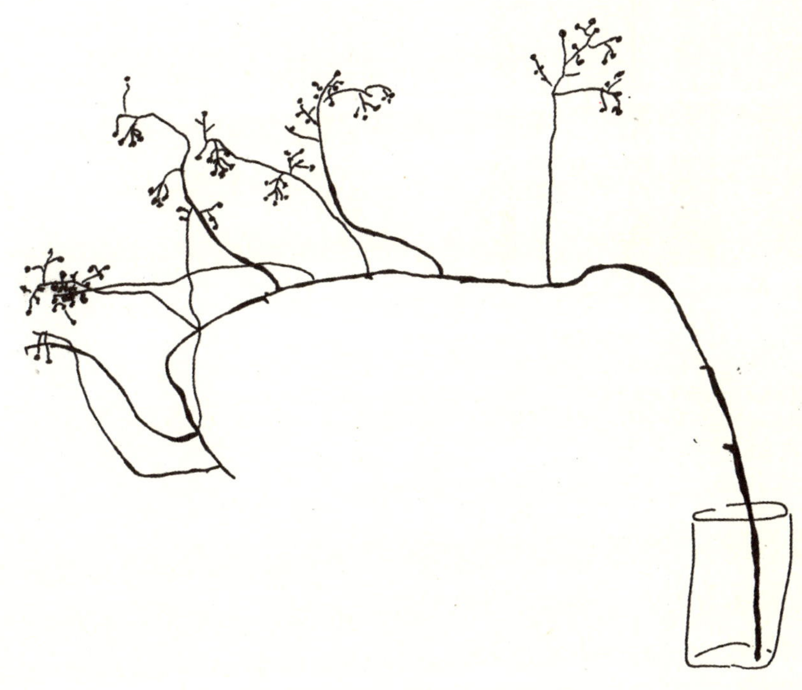

추사 김정희 선생의 '세한도'를 보는 듯, 그가 내놓은 가이세키 요리는 소박하지만 남성적인 강인함과 처연함이 느껴졌다.

원래 가이세키 요리란 재료와 그릇과 데커레이션으로 계절감을 표현하는 요리다. 우리가 방문한 뜨거운 여름의 막바지를 그는 새파란 보리 한 줄기로 표현했다. 사시미 요리 접시 한가운데 꼿꼿이 세운 진초록색의 보리는 일흔여덟 살의 나이지만 온몸으로 태양을 견뎌내겠다는 결연한 그의 의지를 보는 듯했다.

값비싼 가이세키 요리는 얼마든지 있다. 하지만 정통 가이세키 요리 명인의 솜씨를 겨우 3000엔에 맛볼 수 있다는 건 행운이다. 식당 입구에는 그가 왜 여기에 가게를 열게 되었는지, 그가 얼마나 잘나가는 요리사였는지를 설명하는 '화려한 과거'가 적혀 있다. 글쎄. 뜨문뜨문 한자와 히라가나를 더듬거리는 나로서는 행간의 의미를 해독할 수는 없었지만, 그것이 단순한 '호객 행위'로 느껴지지는 않았다.

그저 남은 인생의 시간 동안 더 많은 사람들이 정통 가이세키 요리를 맛보았으면 좋겠다는 그의 소박한 바람이 아닐까.

◆ 동경 식당에서 배우다 5

장인이란 잘하는 사람이 아니라 끝까지 하는 사람이다.
포기하고 싶다는 생각이 들 땐 시부시키후네의 스시에서 위로를 받자.
성공과 실패는 늘 같이 가는 친구 같은 것이다.

 폼 나는 곳에서 가이세키 요리를 먹지 않아도 된다면,
진짜배기를 먹을 수 있다.

 요리사는 인생의 쓴맛을 아는 분. 그를 보면
'내가 웃는 게 웃는 게 아니야…'라는 노래가 생각난다.

 코가 빨갛게 술에 전 요리사의 인생이 사시미의 맛에
묻어난다.

니시오카 상이 추천한 이유를 절감.
싸고 맛있는 가이세키 요릿집은 흔치 않다.

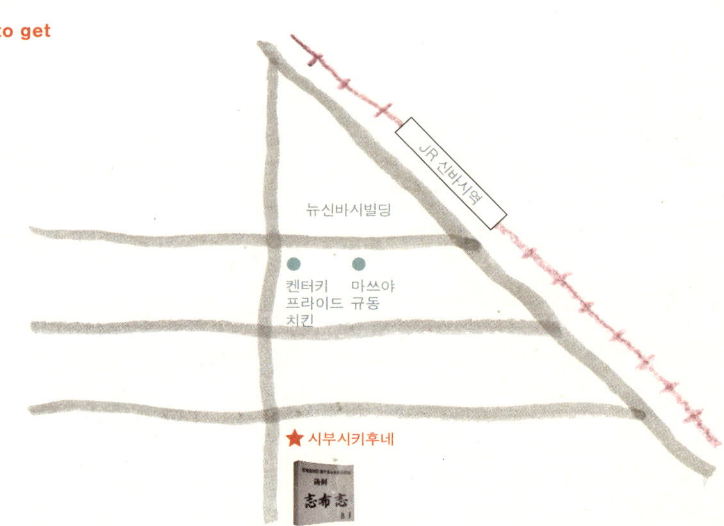

시부시키후네

주소: 도쿄도 미나토구 신바시 5-10-8
전화번호: 03-3431-0633
영업시간: 11:30~14:00, 17:30~22:00
가는 방법: JR 신바시역 가라스모리 출구에서 켄터키프라이드 치킨집을 왼쪽으로 돌아서 로손을 지나 다음 건널목이 나올 때까지 걸어간다. 그 건널목을 건너 조금만 더 내려가면 왼쪽 골목으로 꺾어진 후 오른쪽에 있다.

GOURMET COFFEE
DOU
TOR

아이시테루 도토루

♪

화류곗정은 삼 년이요 본댓정은 백 년인데
내 이럴 줄 왜 몰랐던가 사랑 사랑 내 사랑아~

나의 '18번' 중 한 곡이다. 가끔 술이 취하면 시키지 않아도 목청껏
불러대서 좌중을 썰렁하게 만드는 '진주난봉가'의 한 구절이다.
어느 나라나 조강지처 격인 브랜드가 있게 마련. 예컨대 패스트푸드
햄버거로 치자면 우리나라엔 롯데리아가 있고, 캐나다엔 팀 호튼이 있고,
일본엔 모스버거가 있다. 그래서 이런 나라엔 맥도날드가 아무리 융단
폭격을 해도 완벽하게 깃발을 꽂지 못한다.
커피는 어떨까. 아직 커피의 역사가 일천한 우리나라에선 스타벅스가
맹위를 떨치고 있지만, 일본은 오리지널 브랜드인 도토루가 힘겹긴
해도 안방을 차지하고 있다. 국철이든 전철이든 역 근처, 골목골목마다
'도토루(DOUTOR)'를 볼 수 있으니까.
일본엔 한 집 건너 하나 정도로 개인이 운영하는 작은 커피 전문점이
있다. 하지만 항상 '아, 오늘은 제대로 된 커피를 마시고 싶다'는 기분이
드는 건 아니기 때문에 때로는 내가 오늘 커피를 마셨나? 할 정도로
존재감이 별로 없는 도토루처럼 이지(easy)한 커피집도 필요한 게 아닐까.
그렇다고 해서 도토루 커피 맛이 단순히 이지하다는 건 아니다.
밀봉해서 몇 달을 걸려 태평양을 건너온 스타벅스의 커피와 비할까.
자국에서 블렌딩한 커피답게 부드럽고 통통 튀는, 갓 볶은 신선한 커피

맛이 난다. 더구나 도토루에는 커피와 먹기에 딱 적당한 서브 메뉴가
잔뜩 있어서 좋다. 신선한 샌드위치와 단팥빵, 크림빵 같은 것들.
나는 쓴 커피를 먹으면 달달한 무언가를 꼭 먹는 타입이지만,
스타벅스의 스콘이나 베이글 같은 건 왠지 너무 느끼하고 무거워서
어쩔 수 없이 쓴 커피만 홀짝거리게 되어 섭섭한 기분이 든다. 그럴 땐
자동적으로 도토루가 생각난다.
특히 우리 남편 같은 흡연자들에게 도토루만 한 카페가 있을까.
흡연자들을 죄인처럼 취급하는 것이 시대적인 분위기지만, 도토루에서는
자기들 안방처럼 맘 놓고 담배를 피워댈 수 있다.
"아이시테루(사랑한다는 뜻의 일본 말)"라는 말은 상대방을 잘못 선택하면
"웃기고 있네"라는 대답을 들을 수 있는 매우 민감한 단어다. 예컨대
'아이시테루 스타벅스'는 왠지 안 어울리는 조합이 아닐까.
이웃집에 잠깐 마실 간 것 같은 담담한 인테리어, 여행자들이 무거운
짐을 잠깐 내려놓아도 별로 티 나지 않는 매장 분위기, 조용조용 담배를
피우거나 단팥빵을 먹고 있는 사람들의 소박함. 이런 것들 덕에 나 같은
여행자도 도토루를 향해 가볍게 '아이시테루'라고 할 수 있는 것 같다.

맛차 바바로아,
어른이 되어야
알 수 있는 달콤함

| 키노젠 |

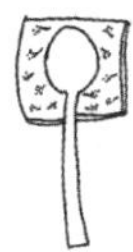

내가 아끼는 후배 중에 '달달한 것'에 집착하는 36세의 싱글녀 K가 있다. 그녀의 책상에는 항상 덕용 사이즈 츄파춥스와 팀원들이 수시로 사 나르는 초콜릿이 뒹굴고 있다. 하루라도 단것을 입에 물고 있지 않으면 마치 금단현상에 시달리는 남자들처럼 허둥대기 일쑤.

그녀의 직업이 만성 스트레스에 시달리는 광고 회사 크리에이티브 디렉터라는 점을 감안한다고 해도 이건 좀 아니잖아 싶어진다. "그렇게 애들처럼 단걸 먹어대니 철딱서니가 없는 거야"라고 말하면 "뭐 책임질 자식도 없고, 남편도 없는데 이렇게 살다가 죽을 거거든요"라고 되레 나를 구박한다.

하긴 '어른이 되어 가지고 그렇게 달달한 걸 달고 살면 안 되지'라는 생각은 '단것=몸에 나쁜 것'이라는 교육된 고정관념인지도 모른다. 일본에도 그런 고정관념이 있는 모양이다. 달다[甘]란 뜻의 'あまい'에 '무른', '만만한', '덜 떨어진'과 같은 뜻도 함께 있는 걸 보면. 달콤한 것에 집착하고, 인생의 쓴맛을 견뎌내지 못하는 데에 약간의 죄책감 같은 걸 가지고 있는 거다.

그런 어른들의 죄책감에 약간의 면죄부를 주는 디저트가 바로 '맛차(未

茶) 바바로아'다. '키노젠(紀の善)'이라는 유명한 전통 디저트 가게의 대표 메뉴인데, 정치인들이 즐겨 찾는 요정과 다도, 꽃꽂이, 출판, 동경대학 등의 전통이 데카당스하게 살아 있는 가쿠라자카 거리에 있는 가게로, 이미 한국 관광객들 사이에서 유명한 곳이다.

사실, 바바로아란 생크림, 우유, 계란, 젤라틴을 주원료로 하는 프랑스 디저트 중 하나다. 키노젠이 있는 가쿠라자카 거리가 프랑스 사람들이 많이 살고 있는 곳이라 키노젠의 여주인장 도미타 게이코 상이 '흠, 프랑스 사람도 많이 오고 하니, 요걸 일본식으로 바꿔서 팔아볼까' 해서 만든 것이 맛차 바바로아다.

하지만 그냥 동네 마트에서 파는 팥이랑 생크림을 섞는다고 생각하면 오산. 교토에서 가져온 우지차(宇治茶: 교토에서 생산되는 일본차로 다도회에서 사용하는 최상급 차)와 단바(丹波)의 다이나공(고급 팥 품종)으로 만든 최고급 품질의 디저트다. 프랑스적인 달콤함과 일본적인 쌉쌀함이 절묘하게 어울려 깊은 맛이 느껴진다.

일본의 유서 깊은 동네인
가쿠라자카. 한국으로 치자면
인사동이나 삼청동 같은
곳이다. 최근 삼청동이나
인사동은 사는 곳이 아니라
보는 곳으로 변하고 있어서
안타까운데, 가쿠라자카는
관광객들이 다니긴 하지만
여전히 사람들이 열심히
살아가고 느낌이 있어서
좋다. 한 사람이 지나가기도
힘든 기다란 골목길, 할머니,
할아버지들이 데이트를 하는
카페, 비밀 요정, 세월이
푹 박혀 있는 돌바닥….
가쿠라자카는 일부러 만든
일본이 아닌 진짜 일본을 볼
수 있는 곳이다.

머리가 띵할 정도로 극도의 달콤함을 즐기는 요즘 젊은이들은 어떨지 모르지만 어른들이라면 달콤함도 이렇게 인생의 뒤안길처럼 약간 씁쓸한 기분과 함께 즐길 줄 알아야 하는 게 아닐까.

'大人의 味(대인의 미, 어른이 되어야 맛있다고 느낄 수 있는 맛)'란 닉네임이 붙은 것도 다 이런 이유일 것이다. 앙코(팥고물)가 자랑인 키노젠답게 맛차 바바로아 외에도 20가지도 넘는 디저트가 가게 앞 쇼 케이스 안에 줄지어 있는데, 거의 대부분 단팥 앙금을 기본으로 하고 +( )의 공식에 따른다. 달콤함+새콤함, 달콤함+짭쪼롬함, 달콤함+밍밍함 등. 모두 달콤함이 지나치지 않도록 조금씩 희석해준다.

"몸에 좋은 건 입에 쓰다"는 식의 권태로운 이야기를 하자는 건 아니지만, 어른이 된다는 건 달콤함을 절제할 줄안다는 뜻이다.

◆ 동경 식당에서 배우다 6

쓴맛에 익숙해지자.
더 나아가 쓴맛을 즐길 수 있게 되면 삶이 주는 웬만한 시련을
"뭐 이 정도쯤이야" 하고 넘길 수 있게 된다는 뜻이다.

'이런 디저트는 처음이야'란 기분을 느끼고 싶다면….
단팥과 녹차의 조화가 너무나 일본적이다.
지장보살을 닮은 주인아주머니가 너무 귀엽다.

녹차 하면 달콤함을 상상할 수 없는데, 여기서는
녹차의 달콤함과 부드러움을 함께 즐길 수 있다.

솔직히 단것을 좋아하지 않지만 녹차니까
몸에 덜 나쁜 것 같다.

가쿠라자카에 간다면 빼놓지 말자.

키노젠 紀の善

주소: 도쿄도 신주쿠구 가구라자카 1-12
전화번호: 03-3269-2920
홈페이지: www.kinojen.co.jp
영업시간: 월~토요일 11:00~ 20:30, 일요일·공휴일 12:00~17:30
가는 방법: JR 이다바시역 서쪽 출구에서 도보 1분, 도쿄메트로 이다바시역 B3 출구에서 도보 1분, 도쿄메트로 난보쿠선 이다바시역 B3 출구에서 도보 1분

흠, 일본과 프랑스가
컬래버레이션하니
가벼워지는군요

| **라리앙스** |

광고 일을 하다 보니 "창의적인 발상을 하기 위해 어떤 노력을 하시나요?" 같은 질문을 많이 받게 된다. 내 경우엔 창의적인 발상을 하기 위해 일부러 노력 같은 건 하지 않는다. 솔직히 말하면 노력하고 싶어도 창의력이란 것이 '노력'과 같은 노동으로 생기지 않는다고 생각한다.

그래도 굳이 말하라고 다그친다면 '딴짓을 많이 한다' 정도. 좀 사무적으로 얘기하면 광고가 아닌 다른 영역을 많이 기웃거린다는 것. 영화, 건축, 퀼트, 음악, 패션, 사람 등등. 필(feel)이 꽂히는 대로 그때그때 몰입한다.

여기서 중요한 건 다른 영역. 서로 이질적인 것들이 결합하면 우리가 알수 없는 화학방정식에 의해 부글부글 끓어올라 전혀 새로운 것이 '툭' 하고 튀어나온다. 소위 말해 컬래버레이션. 요즘 들어 이 컬래버레이션이 유행이라고 하지만, 내 생각에 일본은 옛날부터 이것이 전문이었다.

오믈렛과 라이스를 합쳐 오므라이스라는 것을 만들어내고, 서양 음식 포크커틀릿(fork cuttlet)을 돈가스로 둔갑을 시키는 데 그치지 않고 돈가스와 우동을 결합해 '가쓰동'이라는 걸 만들어 서양에 역수출한다. 새로운 무엇이든 자기네 것과 합쳐 자기화해버리는 결합의 달인.

프랑스 식당이라고 다를 바 없다. 가쿠라자카의 프랑코 자포네(일본식 프랑

스 식당) 스타일 식당 '라리앙스(L'Alliance)'는 그 뜻도 프랑스 어로 '결합'이
다. 깊이 알려고 들면 다칠지도 모르는(?) 정치적 배경을 가진 일본인 오
너와 모던 프랑스 요리의 일인자로 할리우드의 미식가들 사이에서 이름
높은 그랜드 셰프 크로우드 셰가르 씨가 의기투합해서 만든 식당.
한 사람은 "나는 뭐 돈 버는 것엔 별로 관심 없지만 이 사람 음식을 꼭
동경에 소개하고 싶으니까." 또 한 사람은 "우리 마누라한테 잘 보이려면

꼭 그녀의 고향인 동경에서 레스토랑을 오픈해야 할 텐데…" 목적은 다르지만 어쨌든 'tokyo'라는 공통분모가 결합해 탄생했다고 한다.

맛있으면 됐지 주인이 누구고 셰프가 누구냐고 따지면 할 말은 없지만 그래도 우리 같은 직장인들 입장에서는 솔직히 왜 이렇게 비싼 값을 치르고 먹어야 하는지 알 권리가 있는 것이다.

사실 라리앙스는 이번 동경 런치기행의 첫 번째 집이라 얼떨떨했다. 게다가 2008년과 2009년《미슐랭 가이드 동경(Michelin Guide 東京)》에서 별 한 개를 획득한 집이라는 얘기도 듣고, 밖에서 보면 레스토랑인지 알 수 없는, 그들만을 위한 인테리어와 15미터인 천장, 10미터에 이르는 에스컬레이터를 타고 올라가는 기다란 회랑에 주눅이 들어 첫인상이 좀 '떨떠름'했다.

하지만 역시 비싼 값을 치르는 데는 다 이유가 있는 법. 코스 요리를 섭렵한 뒤에 든 느낌은 '아름다운 가벼움'이랄까. 왠지 밀란 쿤데라의 소설《참을 수 없는 존재의 가벼움》을 생각나게 하는….

프랑스 음식은 버터와 크림, 향료로 맛을 낸다고 해도 과언이 아닌데, 라리앙스는 재퍼니즈 프렌치답게 그런 헤비한 재료를 최대한 제한해 밍밍

1 기리시마(霧島) 돼지 어깨살 로스 숯불구이와 니소와즈(겨잣과) 샐러드
2 라리앙스에서 직접 만든 하우스 케이크를 직접 고를 수 있는 이동식 쇼케이스
3 가리비 포아레와 파이, 오마르새우(바닷가재) 크림소스
4 독일에서 매일 항공편으로 공수되는 프티(petit) 빵 세 종류
이외에도 알리앙스에서는 '참을 수 없이 가벼운' 건강 지향적 일본풍 프랑스 요리를 맛볼 수 있다.

할 만큼 담백하고 가볍다. 예컨대 프랑스 음식은 먹고 싶지만 허리 사이즈를 생각할 수밖에 없는 '돈 많은 전업주부들을 위한 프랑스 식당'에 꼭 맞는 느낌. 모든 요리가 마치 예술 작품을 먹는 듯한 착각에 빠지게 했지만 특이하게도 가장 인상적인 건 빵. 아무런 장식도 없는 네모난, 마치 건빵을 뻥튀기 해놓은 듯한 빵은 정말 깜짝 놀라게 맛있다.

물어보니 매일매일 비행기를 타고 독일에서 날아온다고. 그게 가능하기나 한 일인가. 냉동 생지로 공수해 레스토랑에서 굽는다는데, 한편으론 '흠, 대단하군'이라는 생각과 솔직히 또 한편으론 '그렇게까지'라는 생각도 살짝 들었다.

'대단하군'과 '그렇게까지'라는 기분이 들게 하는 게 또 하나 있는데, 전용 화장실과 비밀 문. 그러니까 출입문을 이용하지 않고 들어와 '그들만의 리그'를 할 수 있다.

휴. 간단히 정리하자면 라리앙스는 누구라도 들어갈 수 있는 레스토랑이긴 하지만 왠지 나 같은 일상인이 들어가면 뻘쭘할 것 같은 레스토랑이라는 결론이다. 그래도 살다 보면 일생에 한 번쯤, 혹은 여러 번 이런 곳에서 식사를 할 일이 생긴다. 비즈니스 때문이라든가 혹은 결혼 피로연 같은 것.

런치 메뉴는 꽤 저렴한 편이니 그때를 위해 한 번쯤 VIP 연습을 하는 것도 좋지 않을까.

 고급스럽다는 느낌이 물씬. 프렌치를 웰빙 스타일로 즐길 수 있다. 특히 빵이 죽음이다.

 분위기가 차분하고 포멀한 곳. 셰프의 자세가 훌륭하다.

 정통 프렌치는 아니다. 뉴욕적인 프렌치랄까.

 문앞에서 일단 기가 죽는다. 비즈니스하기 좋을 듯.

라리앙스 L'Alliance

주소: 도쿄도 신주쿠구 가구라자카 2-11
전화번호: 03-3269-0007
홈페이지: www.lalliance.jp
영업시간: 런치 11:30~ 14:00, 디너 18:00~21:30, Bar 20:00~02:00, 토·일·공휴일 휴무
가는 방법: JR 이다바시역 서쪽 출구에서 도보 2분, 도쿄메트로 이다바시역 B3 출구에서 도보 1분, 도쿄메트로 난보쿠선 이다바시역 B3 출구에서 도보 1분

두 달 내내 샌드위치만 먹는
벌을 받는다 해도 OK

| 베터 데이즈 |

만일 두 달 내내 샌드위치만 먹는 벌을 받는다면 그건 가벼운 형벌일까, 무거운 형벌일까. 사실 캐나다, 미국 자동차 여행을 떠나기 전만 해도 샌드위치는 우리 가족의 선호 메뉴 10위 안에 들었다. 빵과 빵 사이에 '이것저것'을 잘 끼워 넣기만 하면 꽤 그럴듯한 요리가 되니 '있는 힘껏 단순하게 산다'를 가훈으로 삼고 있는 남편과 나, 그리고 아들 녀석 이렇게 세 명의 O형에겐 아주 적절한 음식이다.

하지만 좋은 것도 하루 이틀. 60일이 넘게 자동차 캠핑 여행을 하며 하루 세끼를 거의 서브웨이, 맥도날드, 팀 호튼(캐나다의 유명한 패스트푸드점), 버거킹을 전전하다 보니 샌드위치와 그 사촌쯤으로 보이는 햄버거, 파니니 등등 비슷한 스타일의 패스트푸드를 보면 바로 식도와 입천장이 바짝 마른 수세미처럼 뻣뻣해지는 후유증에 시달리게 되었다.

이번 동경 런치기행에 샌드위치집이 있다는 얘기를 들었을 때도 그다지 반갑지 않았던 이유가 여기에 있다. 만일 맛있는 집을 찾는 데 동물적인 감각을 지닌 피터가 적극 추천해 '베터 데이즈(Better Days)'에 가지 않았다면 그 '뻑뻑함'의 기억을 잊지 못했을지도 모른다.

크리에이티브의 세계도 그렇지만 요리의 세계도 최고급 재료로 맛있게

ÉVITER LES CON
CAFÉ MARTIN
EUGÈNE MARTIN, 33 Rue Joubert, PARIS

VICTORIA ARDUINO
PER
CAFFÈ ESPRESSO

MASERATI DAY
15th
GRAND XIV HAMANAKO GOLF & SPA RESORT
29.30 November 2008

100그램에 500엔. 쇠고기보다 비싼 베터 데이즈의 블루치즈.
기무라 노리오 씨는 아홉 가지 종류의 최상급 치즈로 샌드위치를 만든다. 가장 좋아하는 치즈가 뭐냐고
물으니 크고 딱딱한 스위스의 그리에르 치즈란다. '더 맛있게'라는 사치스러운 목적이 아니라 추운 겨울을
나기 위해 만든 치즈라 그 성실한 느낌이 좋단다. 흠. 그의 정직함이 느껴지는 대목이다.

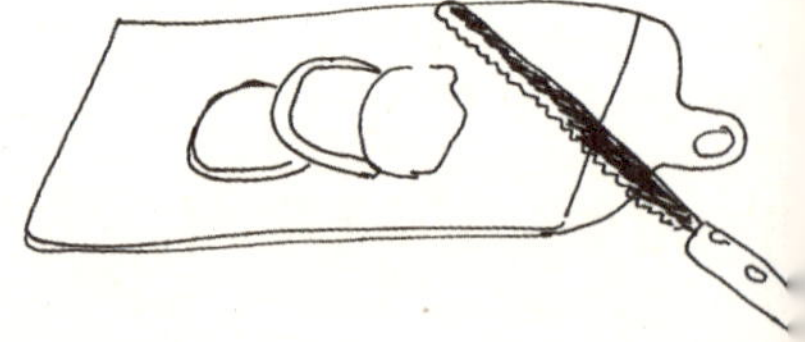

Napoli
✿✿✿ ￥720

신선한 모짜렐라에
토마토 아바질리코
소스와 잣을 가미한 요리

B.L.T.E
✿✿✿✿ ￥780

베이컨, 양상추, 토마토와
달걀반숙으로 만든
기본적인 맛.

bretagne : ブルターニュ
✿✿✿ ￥650

브루타뉴의 명물 갈레트에서
이미지를 딴 파니노와
쫄깃하게 녹은 치즈에,
달걀과 햄.

ghiotto : ギオット
✿✿✿✿ ￥1,040

신선한 모짜렐라, 프로슈토,
드라이 토마토를 바게뜨빵에
끼워서 만든 파니노

Provence : プロヴァンス
✿✿✿ ￥670

크리미한 흰곰팡이치즈,
프랑스산 브리치즈와
드라이토마토 마리네, 그리고
맛있는 햄의 콤비네이션

Margherita マルゲリータ
✿✿✿ ￥630

듬뿍 녹은 치즈와
오리지널 토마토소스,
바질리코의 콤비네이션,
피자의 조합으로 사용되는
레시피를 파니노식으로 선보인 메뉴

요리하는 것보다 평균적인 재료로 맛을 내는 게 훨씬 더 어려울 것이다. 베터 데이즈에는 확실히 샌드위치란 음식이 고질적으로 가질 수밖에 없는 '뻑뻑함'과 '평범함'을 뛰어넘는 그 무엇이 있다. 예컨대 소스를 과하게 쓴다든가 하는 기교를 부리지 않는데 이상하게 촉촉하다. 또 그저 빵과 햄, 치즈 야채 등등의 단순한 재료로 최대한 심플하게 만들었을 뿐인데 고급스러운 맛이 난다.

그날 나는 분명 '맛만 볼 거야'라고 생각했지만 꽤나 두툼하고 큰 파니니 샌드위치를 눈 깜짝할 사이에 두 개나 먹어치웠다.

'이런 된장, 도대체 샌드위치에 무슨 짓을 한 거야.'

알고 보니 이곳의 셰프이자 주인장인 기무라 노리오(木村側生) 씨는 치즈 스페셜리스트. 아하, 비결은 바로 치즈였다. 그가 샌드위치 가게를 낸 것도 "요시(좋아), 사람들에게 치즈를 많이 먹여야지"라는 목표 때문이란다. 샌드위치를 맛있게 먹고 싶은 것이 아니라 치즈를 맛있게 먹고 싶어서 연구에 연구를 거듭한 끝에 동경에서 제일 맛있는 샌드위치 가게를 낼 수 있었던 것.

한국 남자들은 좀처럼 동의하지 않겠지만 일본 남자들은 잘생겼다. 수염과 눈썹이 짙고 윤곽이 뚜렷하다.
개인적으로는 왜 일본 여자들이 욘사마에게 열광하는지 알 수 없다. 기무라 노리오 씨의 지적인 외모가 매출에 얼마나 도움을 주는지는 알 수 없지만, 잘생긴 남자가 만들어주는 샌드위치가 좀 더 맛있게 느껴지는 건 나도 어쩔 수 없는 노릇이다.

그의 이야기를 듣고 있으려니 세상 어디에선가 우리가 모르는 '작은 혁명'이 조용조용 일어나고 있는 듯한 기분이 든다. 그러고 보니 가게 벽면에 치즈 상자들이 액자처럼 걸려 있는 것도 다 이유가 있었다.

사실 베터 데이즈는 요즘 선호하는 빈티지풍 가게는 아니다. 그저 있을 것들이 제자리에 딱딱 놓여 있을 뿐. 절대적으로 샌드위치에 올인한 느낌이랄까.

베터 데이즈의 샌드위치 종류는 무려 19가지. '에이, 그게 그 맛이겠지'라고 생각해 대충 시키면 손해다. 손님의 기분까지 고려한 셰프의 친절한 추천을 받을 기회를 놓칠 테니까. 더구나 기무라 노리오 씨는 순전히 개인적인 의견이긴 하지만 일본의 잘나가는 영화배우 오다기리 조를 닮았다.

옷도 잘 입고, 잘생긴 셰프가 만든 샌드위치를 맛볼 수 있는 건 베터 데이즈가 손님에게 주는 덤인 셈.

만일 다시 두 달간 샌드위치만 먹는 벌이 주어진대도 베터 데이즈의 기무라 노리오 씨가 만들어주는 샌드위치라면 no problem!

◆ 동경 식당에서 배우다 7

무엇엔가 미친다는 건 타협하지 않기에 외로운 일이다. 가게 안에서 발견할 수 있는, 치즈에 올인한 흔적을 보면 기무라 노리오 씨의 외로움도 꽤 깊어 보인다. 하지만 외로울수록 행복의 강도도 높아지는 법이니 인생은 참 아이러니하다.

샌드위치도 완벽한 요리가 될 수 있다는 신선한 충격.

샌드위치에서 주인장의 치즈 사랑을 느낄 수 있다.

샌드위치를 원하는 자들의 유토피아.
일주일에 한 번 이상 들르는 집.

주인장의 움직임을 보며 무언가를 배울 수 있는 공간.
런치 때는 파니니에 정통 카푸치노를 즐길 수 있어서 좋다.

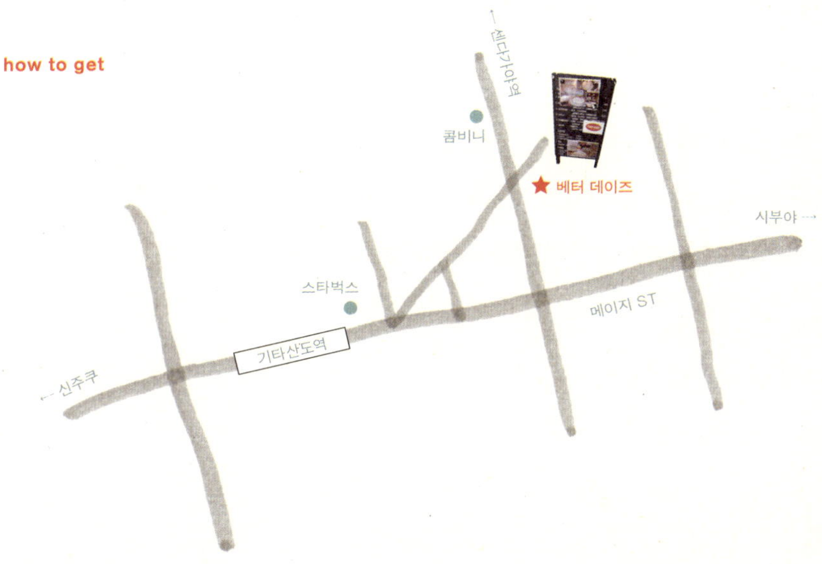

베터 데이즈 Better Days

주소: 도쿄도 시부야구 센다가야 3-15-12
전화번호: 03-3403-7809
영업시간: 월~금요일 9:00~23:00, 토요일 09:00~22:00, 일요일 휴무
가는 방법: 도쿄메트로 난보쿠선 키타산도역에서 314미터. 2번 출구로 나와 스타벅스 방향으로 올라가다가 큰길을 따라가면 왼쪽으로 돌아가는 길이 나오고, 그 길을 따라 2분 정도 들어가면 왼쪽에 있다. 맞은편에 아주 오래된 이발소 전광표가 돌아가고 있다.

봄과 여름 사이 몇 개의 계절을
숨겨두고 있는 곳

| 우카이토리야마 |

내가 가장 좋아하는 광고 JR 동해(東海)의 카피 한 구절.

"왜일까, 눈물이 나왔다."

그렇다. 자연은. 나도 그런 경험이 있다. 지금은 없어져버린 조그만 광고 회사에서 일할 때였다. 회사에서 배낭, 침낭, 등산복, 먹을 것까지 잔뜩 챙겨주고 직원들끼리 팀을 짜서 여행을 떠나라고 등을 떠밀었다. 세상에, 지금이라면 몰라도 '앞으로 돌격'이 직장 문화의 주류였던 15년 전에 그런 회사가 있었다니 놀랍지 않은가. 너무 앞서가서 문을 닫았는지도 모른다.

아무튼 나와 PD 한 명, AE 한 명, 우리 남편까지 깍두기로 끼워서 아름답지만 꽤 험한 두타산과 청옥산을 등반했다. 치쳐 나가떨어질 때쯤 거의 정상에 도착해 텐트를 치고, 소주를 한잔씩 걸쳤다. 그러다가 문득 하늘을 보았다.

반짝거리는 별들이 바로 눈앞에, 까만 하늘 한가득 그렇게 떠 있었다. 그러고선 "그냥, 눈물이 났다." 왜냐고? 글쎄, 잘 모르겠다. 이유 같은 걸 대기엔 그냥 가슴이 먹먹해서… 우쭐거리며 살고 있는 내 모습이 너무 작고 보잘것없어서… 그냥 그랬다.

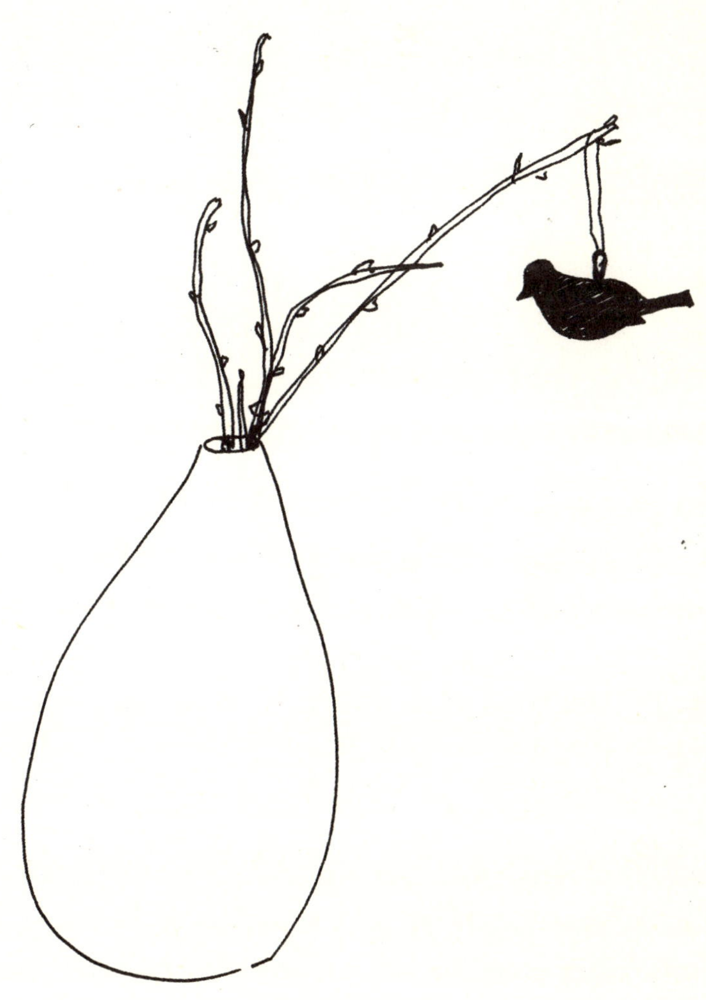

자연이란 그런 게 아닐까. 엄마처럼 이유 같은 걸 달지도 않고, 생색도 내지 않고 그냥 그렇게 우리를 안아준다. '치유'라는 건 캡슐 몇 알로 되는 건 아니지 않을까.

그런 측면에서 '우카이토리야마'는 메뉴 이전에 정원의 아름다움만으로도 충분히 가볼 만한 가치가 있는 곳이다. 동경에서 1시간쯤, 그러니까 서울로 치면 양평 근처나 서해안 제부도쯤의 거리에 고즈넉한 산이 있고, 그 산속에 푹 파묻힌 오래되고 아름다운 식당이 있다.

사실 관광객들이 흔히 접할 수 있는 식당은 아니다. 〈에스콰이어 저팬〉 단행본 편집장이자 영화평론가인 코이데 씨란 분이 황 실장에게 "부모님을 모시고 꼭 한번 가보세요"라고 권한 식당인 만큼 동경 사람들에게도 입소문으로, 알음알음으로 알려져 '숨은 명소'가 된 모양이다.

숯불구이집 하면 "지글지글…" 하며 한판 거나하게 먹는
것을 떠올리지만, 우카이토리야마의 요리는 최고급 재료를
쓰지만 요리 방식은 소박함 그 자체다. 주물 화로 위에 올린
단정하게 끼운 꼬치, 단정하게 자른 고기, 단정하게 구운
생선 몇 마리…. 번잡하고 요란하지 않아서 다 먹고 나서도
몸과 마음이 가볍다.

처음엔 우이동이나 북한산 자락, 혹은 귀한 외국 손님들을 접대할 때 일
순위로 꼽는 대원각 정도의 한정식집을 상상했기 때문에 그런 분위기겠
거니 하고 심드렁했다. 말하자면 장사를 위해 자연을 이용하는…. 그런데
우카이토리야마의 주인은 비즈니스보다는 자연이 우선인 사람인가 보다.
자연을 다치지 않으려는 노력이 엿보였으니까.
정원의 분위기는 교토의 '쇼세이엔' 정원을 연상시킨다. 너무 거창하지 않
고, 너무 인공적이지도 않다. 오래된 이끼와 이름 모를 나무와 꽃과 약
초, 계절의 아름다움이 고스란히 드러난다.
약 7000여 평(2만3140m²)이나 되는 대지에 39개의 별채가 있다고 한다. 와
우. 우리가 들어간 방은 다다미 열 장 정도의 크기. 삼면이 유리창으로
되어 있어 그냥 자연 속에 앉아 있는 기분이 들었다.

음식 또한 자연을 해치지 않는, 소박하고 건강한 일본 코스 요리다. 우리가 먹은 건 가장 저렴한 편인 5000엔 정도의 코스 요리. 산나물과 곤들메기라는 생선구이, 숯불에 구워 먹는 토종닭과 야채 꼬치구이, 그리고 마즙을 올린 보리밥이 주 메뉴. 된장, 야채 등등 모든 재료는 교토에 있는 쇼고우인이란 절에서 직접 공수된다고 한다. 말하자면 절밥인 셈.
아무튼 방금 지은 고슬고슬한 보리밥 위에 마즙을 올려 쓱쓱 비벼 먹는 솥밥은 정말 생전 처음 먹어보는 별미였다. 식사 시간 내내 소박한 회색 기모노를 차려입은 여인이 무릎을 꿇고 앉아 조용조용 서빙을 해주었다. '인간으로 산다는 것이 참 고마운 일이구나.'
이런 생각을 하게 해주는 식당이 과연 지구상에 몇 개나 될까. 어떤 경험들은 돈으로 살 수 없는 가치로 다가오는 법. 밤 그늘을 밟으며 동경으로 돌아오는 동안 내내 행복한 기분이 들었다. 그리고 자연을 잘 지키고, 잘 섬기고, 잘 이용할 줄 아는 일본이 참 부러웠다.

돌아오는 길, 면 소재지 정도의 마을에, 딱 그 정도의 촌스러움으로 서 있던 로스팅 커피집 '커피 실험실'. 겉모양은 새우깡이나 맛동산 따위를 파는 구멍가게처럼 보이지만 놀라울 만큼 맛있고 다양한 원두가 진열되어 있다.
길을 가다 갑자기 이런 가게를 만나면 인생은 조금 즐거워진다.

 동경에서 교토를 느끼고 싶다면….

겨울에 눈 내릴 때 자연과 어우러져 정종을 마시고 싶은 곳.
겨울뿐 아니라 계절마다 찾아가고 싶다.

'음식을 먹는다'가 아니라 '느낌을 먹는다'는 기분.

부모님을 모시고 가고 싶은 곳.

how to get

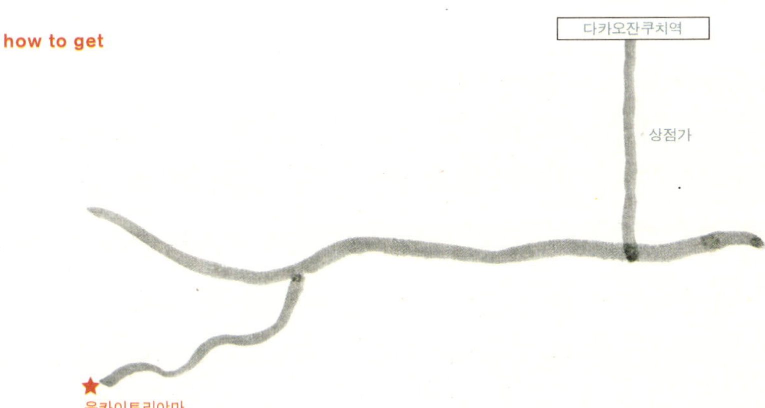

우카이토리야마

주소: 도쿄도 하치오지시 미나미아사가와초 3426
전화번호: 042-661-0739
홈페이지: www.ukai.co.jp/toriyama
영업시간: 월~토요일 11:00~21:30, 일·공휴일 11:00~21:00
가는 방법: 신주쿠역에서 게이오선을 타고 종점인 다카오잔쿠치역에서 하차. 역에서 2257미터, 준특급으로 55분간 소요. 다카오잔쿠치역에서 우카이토리야마까지 운행하는 전용 셔틀버스 탑승 (10:00~19:00에 00분, 20분, 40분마다 출발)
Tip: 예약을 하지 않으면 절대 이용할 수 없는 완전 예약제

Coffee Beans
Tas Yard
Straight

Tas Yard
Open   Close
11:00-20:00

오늘의 스페셜 메뉴는 '마음'

| 타스 야드 |

요즘 '엄친아(엄마 친구 아들)' 때문에 구박받는 아들들이 많다. 우리 아들도 그 구박덩이 중 하나. 하지만 잘생기고, 머리 좋고, 착하기까지 한, 예컨대 이승기 같은 아들을 둔 엄마를 부러워하는 건 인지상정이 아닌가.

그런 점에서 '타스 야드(Tas Yard)'는 엄친아 같은 식당이다. 사실 타스 야드의 문을 열고 들어간 첫 번째 이유는 가로세로 사방 1.5미터는 족히 넘을 듯한 나무 회전문이 빙빙 돌아가는 것이 신기해서였다. 문이 회전할 때마다 커다란 정사각형 햇빛이 뭉텅뭉텅 들어갔다 나왔다 하는 것이 너무 맘에 들었기 때문이다.

실내 또한 예상대로 아기자기 예쁜 물건들이 진열되어 있는 것이 심상치 않은데, 그 유명한 일본 탤런트 히로스에 료코가 앉아 있었다. 이곳 드립 커피에 중독된 동네 아주머니라는 주인장의 코멘트. 암튼 요즘 '예쁜 것들'은 도무지 나이를 알 수가 없다. 겨우 스물서넛으로 보이는데 애 엄마라니, 흠….

매니저가 추천하는 메뉴는 가고시마 흑돼지로 만든 포크 진저 세트(Pork Ginger Set)와 일본 스타일 카레라이스. 전체적으로 달달하다. 역시 일본 젊은이들에게 어필하는 맛. 다행히 들척지근하지 않고 달착지근하다. 일본과 지척에 있는 부산 출신인 내 입맛에는 상당히 잘 맞는다. 내친김에 드립커피와 커피젤리도 시켰다.

명색이 카페 여주인이라 밝히고 싶지 않지만 커피젤리는 처음 먹어봤다. "저런, 쯧쯧" 해도 어쩔 수 없다. 솔직히 바로 카피해서 폴의 골목 히트 상품으로 만들고 싶다는 욕심이 났다. 진한 커피 향을 젤리로 굳힌다는 아이디어는 너무 신선하니까.

나중에 알아보니 한국에 상륙했다가 쥐도 새도 모르게 사라졌다는 후문. 휴, 단지 맛있는 커피를 팔고 싶은 것일 뿐인데…. 카페의 세계도 쉽지는 않다.

이만하면 가게도 예쁘고 음식도 괜찮다 했는데, 가만 보니 나도 모르는 사이에 유리잔에 자꾸 물이 채워지고 있었다. 자기비하를 약간 하자면 사실 우리나라 카페의 알바들은 "내가 이런 일을 할 정도의 허섭한 인간이 아니란 말이야"라는 식의 뚱한 표정으로 불러야 겨우 올까 말까 하는 게 보통이다. 그런데 타스 야드의 남자 종업원은 연신 싱글벙글하며 주전자를 들고 빈 유리잔이 보인다 싶으면 바로 달려가 물을 채웠다. 주방의 요리사들도 매니저도 모두 한결같이 웃으며 손님을 맞이하고 대접한다. 아무리 표정 관리 잘하는 일본인들이라 해도 하루 종일 내내 웃고 있을 수는 없지 않은가. 자세히 보니 구석구석 배려의 손길이 느껴진다. 테이블 옆에는 내려놓을 데가 마땅찮은 옷이나 가방을 놓는 바구니가 있다.

인테리어 센스가 너무 좋은 가게는 왠지 음식 맛 센스는 그만큼이 아닌 경우가 많지만 이곳은 예외. 그저 간단한 카레라이스, 햄버그정식 등이지만 지나치게 맛있다고 강요하지 않아서 좋다. 타스 야드의 추천 메뉴 포크 진저 세트(Pork Ginger Set)는 가고시마 흑돼지로 만든 요리로 〈카모메식당〉에 등장하는 일본 가정의 지극히 평범한 음식인 '쇼가야끼'와 비슷하다. 특별히 커피젤리는 꼭 먹어보시길. '커피가 찰랑찰랑하다'는 느낌은 정말 새롭다.

타스 야드의 친절한 스태프들. 일본의 젊은이들은 꼭
대기업에 취직해야 한다는 부담이 없기 때문에 자신의
일에 대한 만족도가 높은 듯하다. 타스 야드는 정원과
커피를 콘셉트로 하는 'Landscape'라는 회사가 운영하는
카페. 모두들 '내가 사장'이라고 생각하고 일하니까 카페
종업원이라는 콤플렉스 같은 것은 끼어들 틈이 없다.

타스 야드가 있는 센다가야는
패션 회사가 많이 있는 동네로
소위 '물'이 좋은 곳이다. 감각
있는 20~30대 젊은이들이
메인 고객. 컬렉션해놓은
유니크한 젊은 디자이너들의
소품들을 구경하는 재미도
쏠쏠하다. 물론 구입할
수도 있다. 여기에서 구입한
스니커즈는 동경 여행 내내
내 발을 편하게 해주었다.

길 건너편에 새로 생긴 테이크아웃 커피점. 대단한 정수기를 들여놓았다.
커피빈은 가고시마에서 직접 로스팅해 오고 카페라테가 있다.

맛은 노력으로 낼 수 있지만 친절은 노력으로 낼 수 없다. 진심이 우러나
지 않으면 웃음을 짓는 일만큼 힘든 것도 없는 법.
그날 나는 최고의 스페셜 메뉴를 맛보았다. '마음'이란 메뉴. 어쩌면 모든
식당에서 갖추고 싶어 하는 메뉴일지도 모르는….

◈ 동경 식당에서 배우다 8

중요한 일과 중요하지 않은 일은 무엇으로 구분하는 것일까. 어떤 사람에겐 매우 중요한 일이 또
어떤 이에겐 매우 하찮은 일일 수도 있다. 커피를 나르는 일도 철저한 직업 정신으로 열심히 하
면 행복해지고 상대방까지 행복하게 한다. 결국 인생은 마음먹기에 달렸다.

출입구가 아트다.
달짝지근한 카레의 맛이 젊은이들을 유혹한다.

종업원들이 열심히 일하며 아기자기한 소품이 볼만하다.

타스 야드 옆 테이크아웃 커피점도 추천.
정수기가 장난 아니다.

항상 웃음으로 맞이하는, 주인장 같은 스태프들.

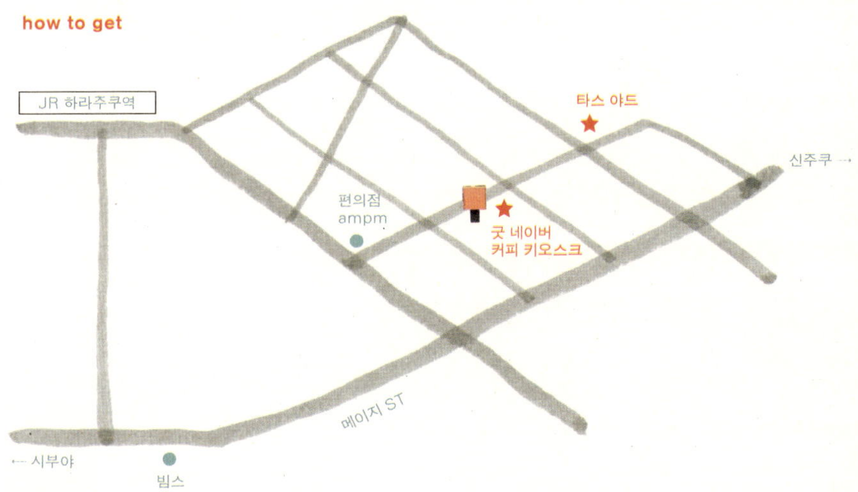

타스 야드 Tas Yard

주소: 도쿄도 시부야구 센다가야 3-3-14 1층
전화번호: 03- 3470-3940
홈페이지: www.tasyard.com
영업시간: 11:00~20:00, 연중무휴
가는 방법: JR 하라주쿠역 다케시타 출구에서 역을 등지고 왼쪽으로 12분쯤 걸어 올라간다.
Tip: 인테리어 디자인 회사가 제안하는 카페. 카페가 위치한 센다가야는 하라주쿠를 뒷받침해주는 의류 디자인 업체와 그래픽 디자인 회사 밀집 지역이다. 타스 야드는 디자이너들의 회의 장소이자 시간 없는 그들의 런치 장소이다. 사이트만 둘러봐도 재미있다.

친절한 계란말이

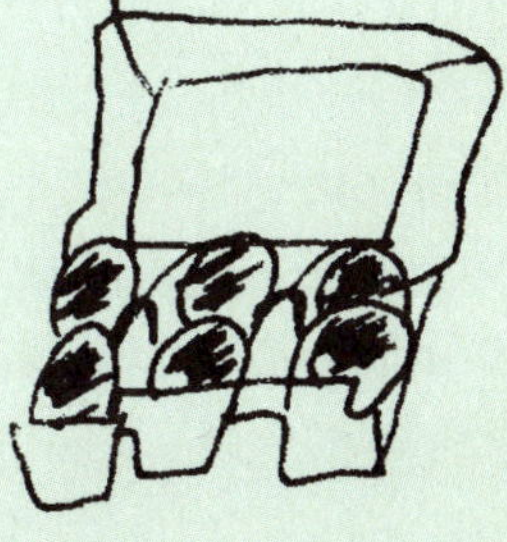

대학 시절 나의 별명은 ‘계노자’. ‘계란노른자’의 줄임말이다. 술집엘 가도
계란말이 안주가 있어야 하고, 밥집엘 가도 반찬으로 계란찜이 있어야
하고, 라면을 먹어도 계란을 꼭 풀어 넣어야 하고, 비위 약한 사람들은
잘 못 먹는 날계란도 톡톡 깨서 한입에 후루룩 빼먹는, 그야말로
‘addicted to 계란’인 탓에 붙은 별명이다.

그중에서도 가장 좋아하는 계란요리는 계란요리의 지존인
계란말이(순전히 개인적인 주장이지만).

계란말이 중에서도 국내파와 해외파를 각각 대표하는 것은 포장마차의
안주용 계란말이와 일본 백화점 지하의 다마고야끼다. 사실, 이 두
가지 요리는 주재료인 계란을 빼고는 맛, 시간, 가격, 고객 등 모든 것이
철저히 반대다.

예컨대 포장마차용 계란말이는 자리에 앉아 소주 한잔을 들이켜는 동안
완성해야 하는 ‘스피드’가 생명이라면 다마고야끼는 저녁 식탁을 빛내줄
카스텔라처럼 부드럽고 탱글탱글한 ‘맛’이 우선이다.

나에겐 어떤 것이 더 훌륭하다고 단정 지을 수 없는 요리인데, 그 이유는
잊을 수 없는 ‘추억’이 전제되어 있기 때문이다.

말하자면 포장마차용 계란말이에는 ‘짝사랑’이란 추억이 담겨 있고,
다마고야끼에는 ‘homesick’란 추억이 개입되어 있다. 짝사랑이야 설명할
필요도 없이 상상이 될 테고, 다마고야끼는 도쿄에 있는 광고 회사
덴츠에서 두 달가량 연수하는 동안 매일 밤 자취방에서 저녁을 때운
음식이다.

돈이 없어서가 아니라 친구가 없어 저녁을 혼자 해결해야만 했는데,
백화점 지하를 이리저리 어슬렁거리다가 결국 매일 노랗고 달착지근하고
몰캉몰캉한 다마고야끼를 한 토막, 혹은 반 토막 사서 집으로 돌아왔다.
그것을 야금야금 먹으며 이국의 외로운 밤을 보내고는 했다. 항상
다마고야끼만 먹은 것이 금전적인 이유 때문이었다면 정말 눈물 나는
기억이었겠지만, 매일 먹어도 질리지 않을 만큼 맛있기 때문이었다.
아니나 다를까, 이번 동경 런치기행에서도 계란말이에 대한 또 하나의
잊을 수 없는 '추억'이 생겼다. 런치기행 마지막 날, 우리를 일본으로
초청한 니시오카 상이 근사한 일식집에서 쫑파티를 열어주었다. 간판도
없고, 메뉴판도 없는 상류층의 비밀 식당 같은 곳이었는데, 그만큼
음식의 퀄리티가 상상을 초월했다.
1인분에 3만 엔 정도라나, 어휴! 갖은 종류의 회를 원하는 대로 먹을
수 있었지만 역시 나는 갓 구운 말랑말랑한 다마고야끼 스시를 다섯
개나 먹어치우는 저력을 발휘했다. 그러고도 남긴 것을 못내 아쉬워하며
식당을 나와 2차 장소로 갔다.
와인 마니아인 니시오카 상이 킵해놓은, 우리 돈 100만 원이 넘는 AA급
와인을 홀짝거리고 있을 때 그가 무엇인가를 불쑥 내밀었다. 그건
랩으로 꽁꽁 싼 다마고야끼 한 토막이었다. 한국말도 못 알아듣는 그가
내가 좋아하는 걸 어떻게 알았을까.
일부러 주방장에게 부탁해서 남은 다마고야끼를 싸 온 그의 마음이
너무 고맙고, 너무 따스했다.

운하와 스파게티와
950엔의 상관관계

| 나빌리오 |

자장면은 3000원. 칼국수는 4000원. 스파게티는 1만3000원.

하나는 춘장에, 하나는 다시마 멸치 국물에, 하나는 올리브 오일에 면을 빠뜨린다. 비록 소스의 차이는 있지만 결국 똑같이 기다랗게 생긴 국수들인데 왜 스파게티만 유독 세 배 가까이 비싼 걸까.

첫째. 밀가루가 다르다고? 인정. 파스타용 밀가루는 누렇고 거칠거칠하고 매우 딱딱한 세몰리나라는 유럽산 경질 밀가루를 써야 하니까 그렇다고 치고. 둘째. 인테리어 비용이 많이 들어가니까? 그것도 인정. 왜 그런지는 모르지만 이탈리아 요리는 허름한 식당에선 맛이 안 나니까 꾸미느라 그렇다고 치고. 셋째. 힘깨나 써야 하니까? 그것 또한 인정. 생면 수제 파스타는 물 없이 계란과 밀가루, 그리고 팔뚝의 힘으로 땀이 비 오듯 쏟아져서 실신할 지경에 이르도록 치대야 돌덩이 같은 반죽이 쫀득쫀득하게 변하니까.

대략 중요한 세 가지 점을 감안한다고 해도 사실, 세 배나 비쌀 이유는 없는 듯하다. 스파게티가 우리보다 훨씬 대중화된 일본도 여건은 마찬가지. 그래서 '나빌리오(Naviglio)'의 이케노아 셰프는 과감하게 결단을 내렸다. 파스타를 정말 좋아하는 사람들을 위해 샐러드를 포함해서 1000엔

을 절대 넘지 않는 파스타를 만들자.

그렇다고 해서 퀄리티를 떨어뜨리는 건 이탈리아 유학파로서 용납할 수 없었다. 오히려 이탈리아 유학파이기 때문에, 이탈리아 인들에게 파스타란 '엄마가 끓여주신 된장찌개' 같은 추억의 음식이란 걸 알기에 '가능한 한 정말 맛있는 스파게티를 많은 사람들에게 제공한다'가 그의 모토다.

그래서 나빌리오엔 눈처럼 흰 테이블보와 은 식기는 없다. 요리사들은 물론 메인 셰프인 본인도 그저 빨간 티셔츠에 까만 앞치마를 두르고 분주히 움직일 뿐이다. 또 제철이 아닌 희귀한 재료를 쓰는 '사치'는 부리지 않는다. 그저 그 계절에 나는 신선한 야채와 파스타에 올인한 10년의 세월을 맛깔나게 담아낼 뿐.

파스타는 아니지만 셰프의 비장의 메뉴인 토마토, 치즈 안초비 크림소스를 올린 빵은 혼자 200개를 먹은 사람이 있을 정도로 인기라고 한다.

이탈리아 북쪽 지역의 담백한 레시피로 만든 볼로네제와 치즈 펜네 오븐구이. 스파게티나 그라탱 정도는 이제 누구나 뚝딱 만들 수 있는 대중적인 요리가 되었다. 나빌리오의 요리가 "에이, 내가 만들어도 이만큼은 하겠다"라는 소리를 듣지 않는 이유는 '합리적'이란 모토로 레스토랑을 운영하기 때문이다.

나빌리오가 대중적인 이탈리언 레스토랑이라고 해서 장소 또한 건물 속 어디 후미진 곳에 있다고 생각하면 큰 오산. '나빌리오'라는 이름을 갖게 된 것은 '장소' 때문이다. 동경에서는 드물게 강이 흐르는 운하 옆에 자리 잡은 이 가게의 분위기는 밀라노의 운하 지구인 오리지널 나빌리오와 매우 흡사하다.

테라스에 앉아 낮게 흐르는 강물을 바라보며 아름다운 그녀, 혹은 그와 함께 파스타를 먹는 즐거움. 이건 동경에서 흔히 볼 수 있는 풍경은 아니다. 나는 안타깝게도 아름다운 그와 함께 파스타를 먹는 행운을 누리지는 못했다. 그렇지만 바람이 살랑살랑 부는 이국적인 풍경의 테라스에서 반짝반짝 햇살이 쏟아지는 강물을 바라보며 950엔이라는 매우 합리적인 가격으로 신선한 루콜라를 올린 여름 파스타를 먹으니, 잠시 동경이 아니라 이탈리아에 있는 듯한 착각에 빠졌다.

 스파게티를 꼭 비싼 값에 먹으란 법은 없다.
싸고 맛있는 이탈리아 요리를 먹고 싶다면 꼭 들러보자.
한 사람이 200개나 먹었다는 빵도 꼭 먹어보시길.

 깊은 애착과 자부심이 느껴진다. 싼값으로 이탈리아
요리의 멋과 맛을 내려고 고군분투한다.

 캐주얼한 느낌. 내가 만든 것 같은 스파게티를 먹고 싶을
때 들르면 좋다.

 동경에서 강을 보며 음식 먹을 수 있는 몇 안 되는 곳.

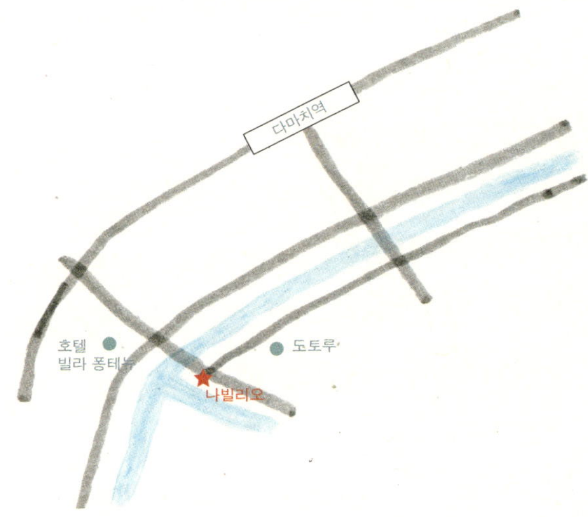

나빌리오 Naviglio

주소: 도쿄도 미나토구 시바우라 3-20-4
전화번호: 03-5419-2061
홈페이지: www.naviglio.jp
영업시간: 월~토요일 11:30~14:00(런치), 18:00~22:00(디너), 일요일 휴무
가는 방법: JR 다마치역 동쪽 출구로 나와서 큰 도로변을 호텔 빌라 퐁테뉴 방향으로 걷다가 호텔이 보이기 전에 왼쪽으로 다리를 건너서 오른쪽 길의 세 번째 건물이다. 도쿄메트로 미타선 미타역 A4 출구에서 도보로 6분
Tip: 카드 사용 가능, 런치는 현금만 가능

소나

여친을 감동시키기에
딱 좋은 식당

| 셰토모 |

여자란 싫증을 잘 내는 족속이다. 워낙 그렇게 생겨 먹었고 그렇게 키워지는데 난들 어쩌겠는가. 하지만 싫증이야말로 진보의 어머니. 똑같은 것을 몸서리치도록 싫어하는 여자들 때문에 세상은 발전하고, 우후죽순 맛있는 레스토랑이 생겨난다.

그런 여친들 덕분에 레스토랑 정보를 섭렵하느라 정신없는 남자들의 눈을 번쩍 뜨이게 할 소식 한 가지. 그 레스토랑이 동경에 있다는 사실 또한 대한민국 남자들의 이벤트를 풍성하게 하는 데 한몫하지 않을까.

사실 이 프렌치 레스토랑은 취재하자고 하는데도 매우 비협조적인 고자세를 취해 확~ 빼버릴까 망설였지만, 그만큼 잘나가는 식당이란 증거이니 아쉬운 사람이 우물 파는 수밖에.

이 프렌치 레스토랑의 이름은 '셰토모(Chez Tomo)'.

취재를 하지 못했으니 그 뜻을 정확히 알 수는 없다. 하지만 오너가 마케터 출신이거나, 마케팅에 대해 놀라운 감각을 가지고 있음에는 의문의 여지가 없다. 이를테면 사람들이 무엇에 감동하고, 무엇에 실망하는지 정확히 파악하고 있다.

셰토모는 메뉴가 나올 때마다 계속 작지만 행복한 이벤트를 열어준다.

나는 셰토모에서 대략 다섯 번쯤 와우~ 하는 감탄사를 연발했는데, 그 첫 번째 주인공은 '28종 야채 팔레트'. 전채 요리와 메인 요리 '사이' 메뉴 인데, 태어나서 처음 먹어보는 감동적인 요리였다.

사실, 이 요리는 묘사하는 것만으로도 흥분이 된다. 몸에 좋은 28가지 야채가 짠짠짠짠 팔다리를 벌리며 매스게임을 하듯 커다란 정사각형 접시에 팔레트에 짜놓은 물감처럼 또박또박 올라가 있다. 야채 이름을 열거해보면 오이, 가지, 피망, 오크라, 단호박, 방울토마토, 소라마메, 에다마메, 녹두, 시금치, 아스파라거스, 두릅, 죽순, 브로콜리, 무, 당근, 우엉, 참마, 고구마, 연근, 콜리플라워, 코마쓰나, 버섯, 숙주나물, 고보, 미니 양배추, 비트, 파프리카.

헉헉. 설명하는 것만으로도 숨이 차다. 요리사의 레시피를 상상하자면

1. 일단 시장에서 구할 수 있는 제철 야채는 모조리 구해 온다.
2. 28개에서 30개의 야채를 씻고 다듬는다.
3. 강한 소스를 가미하지 않고, 굽거나, 찌거나, 삶아서 살짝 맛을 낸다.

5. 한입에 먹기 좋게 작은 주사위 모양으로 자른다.

6. 색색별로 보기 좋게 2센티미터 간격으로 가로세로 줄을 맞춘다.

7. 이상의 요리를 만드는 데 15분을 초과하지 않는다.

허걱. 도대체 누가 이런 아이디어를 냈을까? 필시 야채를 무지 좋아하는 베지테리언일 것이고, 이런 번거로운 일을 부엌에서 직접 하지 않고 입으로 지시하는 사람일 것이다. 먹는 건 땡큐지만 만일 나에게 매번 이런 접시를 만들라고 하면 마구 때려주고 싶을 것 같다. 하하.

두 번째는 도구. 셰토모의 셰프는 똑같은 걸 무지하게 싫어하는 사람일 가능성이 높다. 스푼 하나도 절대 같은 모양을 내놓지 않는다. 세모, 긴 사각형, 정사각형, 고기 모양, 별 모양, 동그라미, 타원, 하트 등등 메뉴마다 스푼 쇼를 한다.

또 이곳의 지배인은 매우 바쁜데, 테이블마다 메뉴에 대해 대략 5분 정도 열심히 브리핑을 하기 때문이다. 얼굴이 빨개져서 버벅거리며 괜찮다

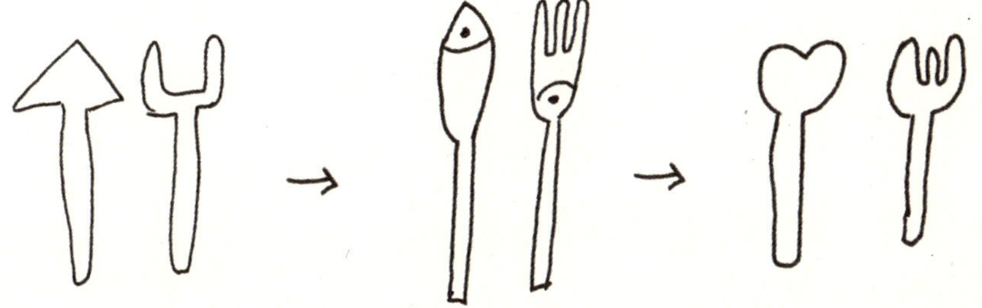

그저 맛있는 것만이 감동은 아니다. 먹는 시간 그 자체를 즐겁게 해주는 세모토의 스푼 쇼.
콘 수프가 나올 때 스푼 위에 콘 몇 조각을 올려주는 센스라니. 너무 깜찍하지 않은가.

야마나시(山梨)의 계약농가에서 들여온다는
유기농야채 30여종. 모두 다른 요리법으로 조리된다니
대단하다. 하나하나 모두 신선해서 그야말로 확실한
야채 맛이 난다. 헬시프렌치의 완결판.

1	청호박
2	버섯
3	단호박
4	비트
5	고구마
6	참마
7	가지
8	자색 양파
9	우엉
10	시금치
11	붉은 양배추
12	강낭콩
13	당근
14	오크라
15	토란
16	파프리카
17	감자
18	파프리카
19	브로콜리
20	콜리플라워
21	아스파라거스
22	연근
23	묘가
24	고추
25	자색 고구마
26	오이
27	무
28	토마토

셰토모의 코스 요리

셰토모의 비장의 카드는 대맥(大麥) 리조또. 유기농야채를 마음껏 사용해 국물을 낸 차가운 리조또다.
야채의 신선함을 응축한 차가운 스프는 투명한 맛이 난다. 버터 때문에 뒷맛이 느끼한 일 따위는
셰토모에서는 있을 수 없는 일이다. 진짜 성게껍질에 담아주는 셰토모 이치가와 쉐프의 스페셜리치(우니노
키후진후우ウニの貴婦人風: 성게의 귀부인풍)는 정말 행복한 느낌을 준다. 이들 메뉴 외에도 '와우'하는
감탄사가 나오는 메뉴들이 계속되니 정말 놀라운 프렌치레스토랑.

에피타이저(별도 주문)
성게 수프

메인 코스에 포함되어 있지 않은
별도의 메뉴. 성게 수프는 역시
소문대로 환상적인 맛.

에피타이저(별도 주문)
어묵과 홍합

런치 코스 메뉴

에피타이저
갈레트

감자퓨레에 은어 훈제를
올린 갈레트. 색색깔의
세 가지 종류의 소스가
뿌려져 나온다.

고 해도 막무가내다.

결국 그 '열심'에 감동해 어떤 음식이라도 "네. 맛있게 먹어드릴게요" 하
는 심정이 된다. 물론 셰토모의 음식은 너무 맛있어서 전혀 그럴 필요가
없기 때문에 '배려'라는 측면의 고단수 마케팅 전략이라고 짐작할 수밖
에 없다.

마지막으로 디저트. 고수와 하수의 차이는 끝마무리. 메인 메뉴를 다 먹
고 나면 지배인이 주방에서 캐리어를 끌고 나온다. 그런데 담긴 것들이
심상치 않다. 사과 한 쪽, 바나나 한 개, 체리 10개, 바로나 초콜릿(스페인산
고급 초콜릿. 바로나라고 크게 새겨져 있다), 치즈 한 조각 등등.

그날의 수프
콘 수프

매일매일 다른 종류가 나온다.
숟가락에 올려져 있는 콩으로
포인트를 준 콘 수프.

28종 야채 팔레트

메인 선택 요리
쿠네루

생선을 으깬 요리로 몽쉘미쉘의
홍합스프 완성 샤프란 풍미 감자
후릿토(프랑스어로 튀기다의 뜻)를
곁들임.

디저트

메인 선택 요리
푸알레

냄비에 야채를 깔고 고기를 넣어
오븐으로 찜을 한 요리로 레몬 그라스
풍미의 크림소스 레몬 콘퓨를 곁들임.

'이건 무슨 시추에이션?' 하는 생각이 드는 순간, 이들 중 하나를 고르라는 주문이 들어온다. "왜요?"라고 묻고 싶지만 무식해 보일까 봐 모두들 점잖게 하나씩 고른다. 아하, 결국 체리 아이스크림이라든가, 애플 타르트라든가, 초코 브라우니 같은 디저트를 제공하는 거지만 마치 자기가 직접 고른 재료로 즉석에서 만들어주는 듯한 깜짝 쇼를 하는 것.

사실, 이곳은 일본의 유명한 방송인이 쓴 책《인생 식당 100선》에 소개된 식당이다. 황 실장이 그 책을 읽고 꼭 한번 가야겠다고 벼르던 곳. 그 책에서 같이 간 프랑스 사람조차 감동을 받은, 매우 프랑스적이지만 매우 독창적인 곳이라 칭찬한 곳이다.

살다 보면 형식이 내용보다 중요할 때가 있다. 사랑하는 여자에게 아무 준비 없이 "나, 자기 사랑해"라고 들이대다간 뺨 맞기 십상이다. 내용이 중요하지 형식이 뭐가 중요하냐고 말하는 사람들은 대부분 게으르거나 아이디어가 없는 사람일 가능성이 많다.

만일 누군가 나를 셰토모에 데려가 28종 야채 팔레트를 먹이고 각종 아기자기 이벤트를 경험하게 한 다음 사랑을 고백한다면 그 자리에서 "Yes"라고 말할 것이다.

자, 대한민국 남자 여러분, 혹은 남친이 있는 여성 여러분. 셰토모를 꼭 기억해주세요.

우리가 오리지널을 좋아하는 건 진짜이기 때문이다. 진짜를 모방한다고 해서 진짜가 되는 것은 아니다. 진짜가 될 수 없을 바에야 새롭게 재해석해 세상에서 단 하나뿐인 나만의 독특함을 만들어내면 되는 것이다. 프랑스 사람도 졌다고 말하는, 일본식으로 재해석한 프렌치 레스토랑 셰토모처럼.

먹는 것도 이벤트가 될 수 있다. 메뉴가 나올 때마다 기분이 업~된다.

작업을 하고 싶은 여성이 있다면 꼭 추천!

투자할 만한 식사, 나에 대한 투자. 하나하나가 다 맛있다.

대화가 잘 통하지 않는 어려운 사람과 반드시 식사해야 할 때 이곳을 선택하면 대화가 부드러워질 것이다.

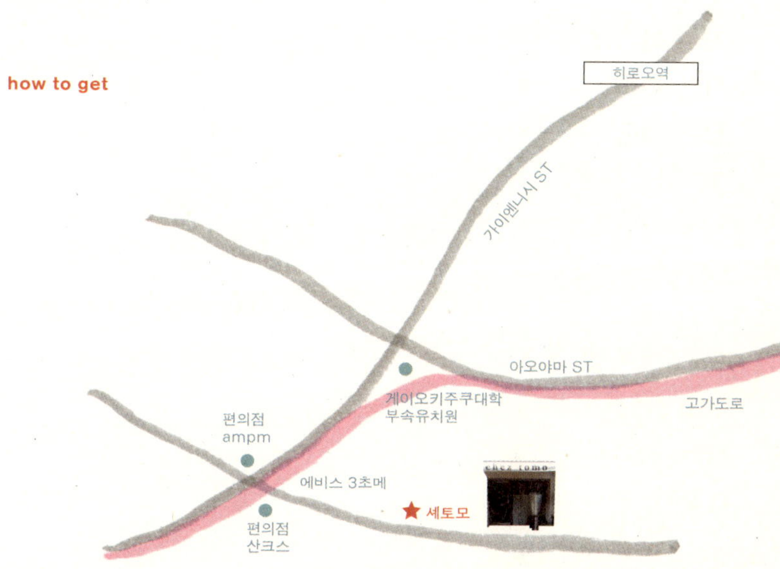

셰토모 Chez Tomo

주소: 도쿄도 미나토구 시로가네 5-15-5 1층
전화번호: 03-5789-7731
영업시간: 11:30~15:00(런치), 18:00~23:00(디너), 월요일 휴무(월요일이 공휴일인 경우 화요일 휴무)
가는 방법: 도쿄메트로 히비야선 히로오역 1번 출구에서 도보 10분
Tip: 철저한 예약제. 런치 메뉴 2800엔. 전채 요리 1종류 선택. 제철 야채 28~30종류를 한 접시에 담는다. 메인 요리는 그날의 생선이나 고기 중 한 종류 선택. 디저트는 세 종류 중 선택. 남자는 재킷 착용, 반바지, 러닝, 가벼운 옷차림은 금지, 어린아이 출입 금지, 전 좌석 금연

일본 드립커피의 역사를
알고 싶으세요?

| 람브르 카페 |

"점심때 잠깐 커피 마시러 동경에 다녀왔어요"라고 한다면 "정신 나갔군" 이라고 할 사람도 있겠지만, 그럴 수만 있다면 비행기라도 훌쩍 타고 맛있는 드립커피를 마시러 갔다 오고 싶다는 말씀.

사실, 세계에서 커피를 가장 많이 마시는 나라는 핀란드라고 한다. 춥고 어두침침해서 진한 커피 향으로 외로움을 달래기 위해서인지도 모른다. 하지만 드립커피를 가장 잘 발전시킨 나라는 역시 디테일에 강한 일본이 아닐까.

이번 동경 런치기행의 정점을 장식한 곳은 역시 60년의 세월을 간직한 드립커피 전문점. 일본 커피 전문점을 특집으로 다룬 잡지를 보고 찾아간 곳이다.

'람브르 카페(Cafe de La'mbre).' 가게 앞 간판에 붙어 있는 'Coffee Only'라는 문구에서 오로지 죽어서도 로미오만을 사랑하겠노라고 맹세하는 줄리엣의 그것처럼 커피에 대한 애착이 비장하게 느껴진다.

요즘 우리나라도 드립커피 붐이 일어 허영만의 '커피 볶는 집'이나 전광수의 '커피하우스' 등 커피 장인들이 경영하는 곳이 빛을 보고 있다. 하지만 역시 돈 냄새에 민감한 누군가에 의해 벌써 순진한 장인들이 사업

珈琲豆の価格はすべて消費税込みとなっております。
CAFÉ DE L'AMBRE
ブラジル
¥800.-／100g
ケニア
¥800.-／100g
キリマンジャロ
（タンザニア中煎り）
¥800.-／100g
ニカラグ
マラゴジ
¥1000.-／10
タンザニア
¥800.-／100g
グァテマラ
¥800.-／100g
コロンビア
高地産
コロン
¥1,200.-／1

가로 변신하는 듯한 분위기다. 이름만 빌린 이미테이션 카페가 여기저기 눈에 띄는 걸 보면.

세월을 지키는 것도 힘든 일이지만 세월을 이기는 것은 더 더욱 힘든 일일 것이다. 람브르 카페는 그런 면에서 참으로 훌륭한 카페다. 아흔 살이 넘도록 매일 손수 콩을 볶는 세키쿠치 이치로(關口一郎) 씨는 말 그대로 일본 드립커피 역사의 산증인. 번화한 긴자의 뒷골목에서 60년 전의 모습 그대로 카페를 운영해오고 있다.

뭐랄까. 이곳은 60년 전, 그러니까 1950년에 시곗바늘이 멈춰 있는 듯한 느낌이다. 드립 포트도, 커피 잔도, 의자도, 테이블도, 주인도, 손님도 모두 커피 먼지를 폭 뒤집어쓴 채 "뭐 그렇게 아등바등해봐야 다 부질없어"라고 말하는 듯하다.

세월의 흔적이 너무 강렬한 인상을 준 탓이지 사실 커피 맛은 퍼펙트하지 않았다. 브라질은 신맛이 너무 강했고, 브랜드 커피는 좀 밍밍했다. 뭐 사실, 커피 취향은 개인적인 거니까. 하지만 코냑을 넣은 달콤한 커피젤리는 람브르와 딱 어울리는 바로 그 맛이었다.

나중에 알았지만 그 유명한 다이보의 바리스타 다이보 가쓰지 씨도 람브르에서 드립을 배웠다고 한다. 계산을 하면서 보니 《긴자의 커피 50년》,《담배와 커피》 등 세키쿠치 이치로 씨가 쓴 책들이 선반에 꽂혀 있었다. 그러니까 내가 태어나기도 전에 이미 람브르가 있었고, 아들이 물려받아 드립을 하고 있으니 내가 죽은 다음에도 람브르는 계속된다는 것이다. 휴~

매일 아침 손수 커피를 볶는 세키쿠치 이치로 씨. 그는 커피 바리스타이지만 엔지니어이자 발명가에 가깝다. 배전기, 제분기, 포트, 커피 컵까지 맛있는 커피에 관한 것이라면 뭐든 직접 만들었다. 예컨대 커피콩을 갈아 으깨는 것이 아니라 깎아내는 듯한 제분기를 개발해 가루가 나지 않고 잡맛을 없앴다. 또 드립 포트의 주둥이를 깔때기처럼 좁혀서 드립할 때 뜨거운 물이 갑자기 쏟아져 나오지 않게 하는 드립 포트도 직접 고안했다.

Café de L'AMBRE
COFFEE ONLY
THE ORIGINAL 1948
L'AMBRE
PERFECT
OWN ROAST
HAND DRIP

오래된 여관이나 전당포의 출입구를 연상시키는, 카페 입구의 반 평도 안 되는 작은 공간에 세키쿠치 이치로 씨가 눈을 껌뻑이며 파이프 담배를 물고 앉아 있다. '어떻게 하면 더 맛있는 커피를 만들 수 있을까'라는 뜬구름 같은 화두를 안고 구십 평생을 살아온 남자.

그의 인생에 대해 왈가왈부한다는 건 참으로 건방진 일일 것이다. 그냥 그의 커피를 마시고 음미하면 그걸로 충분하지 않을까.

앞페이지
역시 그가 만든 데미타세 커피 잔. 쉽게 식지 않는 두꺼운 커피 잔이 주류였을 때에 입에 닿는 부분이 얇은 50cc짜리 데미타세 커피 컵을 만들었다. 오감으로 다 느낄 수 있도록 손잡이도 떼어내버리고 손바닥으로 감싸듯이 들 수 있게 되어 있다. 이만하면 명품이라는 로얄 코펜하겐에 버금가는 커피 잔이라 할 수 있지 않을까.

 오래된 단편 소설을 읽고 난 느낌. 데카당스한 매력이 있는 위스키 커피젤리를 꼭 먹어보시길.

 마치 일제강점기 명동의 다방에 들어간 듯한 느낌, 향수를 느끼게 해준다.

 커피 박물관 같은 곳. 바리스타의 연륜이 감동적이다.

긴자에 간다면 술만 마시지 말고 꼭 람브르에 들러보자.

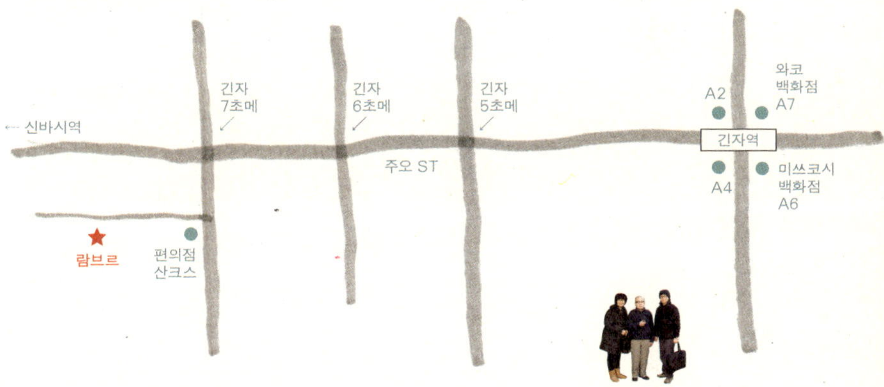

람브르 카페 Cafe de La'mbre

주소: 도쿄도 주오구 긴자 8-10-15
전화번호: 03−3571−1551
영업시간: 평일 12:00~22:00, 일요일·공휴일 12:00~19:00
가는 방법: JR 신바시역 1번 출구에서 406미터. 찾기가 쉽지 않기 때문에 좀 걷더라도 비교적 쉬운 코스로 가는 것이 좋다. 미쓰코시백화점과 와코백화점이 있는 긴자 4초메 교차로에서 신바시역 방향으로 걸어 내려가다가 긴자 7초메 신호등에서 왼쪽으로 돌아 산크스가 있는 골목을 끼고 들어가면 중간쯤에 있다.

물어물어 그 '숲'에 가자.
고도우(高島牛)를 찾으러

| 포레스트 |

살다 보면 어떤 때는 이것저것 다 해봐야 뭐 하나 건질 것 같고, 또 어떤 때는 한 가지만 들입다 파봐야 제대로 하나 건질 것 같다. 그래서 인생은 꽤 오래 살아도 여전히 어렵다.

그래도 광고쟁이 생활 25년 동안 얻은 깨달음이라면 버려야 남는다는 것. 15초에 1500만 원이나 하는 TV 광고가 방송되는 동안 사람들이 기억하는 메시지는 하나도 없거나 하나 정도이거나 둘 중 하나다. 그러니 만일 좀 더 효율적으로 살아야 한다는 목표를 가진다면 한 가지에 올인하는 것이 맞다.

식당에 관련해서도 "다 맛있었다"는 "다 고만고만한 수준이었다"는 평가와 동의어다. 그런 의미에서 '포레스트(Forest)'는 "그 집 스테이크, 정말 죽여"라는 단 한마디의 강렬한 메시지를 지닌 가게다.

포레스트는 동경에서는 유일하게 고도우(高島牛) 스테이크를 선보이는 프렌치 레스토랑. 이번 동경 런치기행을 기획한 치과 의사이자 미식가 니시오카 상은 고기라면 자다가도 벌떡 일어나는 '고기 마니아'다. 그의 추천 덕분에 일본 사람들도 잘 모르는 포레스트의 고도우 스테이크를 맛볼 수 있는 행운을 얻었다.

Forest .

포레스트는 가쿠레야(숨어 있는 레스토랑)로 알려져 있다. 즉, 미슐랭 가이드
북에서 별 다섯 개를 받았다거나, 동경 여행책에 나오는 레스토랑은 아
니다. 아오야마 거리 뒷골목의 후미진 곳에 "꼭꼭 숨어라, 머리카락 보일
라" 식으로 조금씩 알려지는 걸 즐기고 있다. 더구나 그래서 더 찾기도

누군가가 좋은 식당을 추천해달라는 부탁을 하면 순간 당황하게 된다. 이러저러한 일로 꽤 많은 레스토랑을 다녔지만 딱히 떠오르지 않는 것이다. 그런 점에서 포레스트는 스테이크 하면 단번에 추천할 수 있는 곳이다. 이런 식당을 알고 있는 내가 꽤 괜찮은 인간으로 비쳐질 것이란 기대와 함께. 하지만 동경에 있다는 것이 참으로 아쉽다.

어렵고, 누군가의 추천이 아니면 알 수도 없다.

사실, 일본의 모든 소는 모두 오키나와에서 태어나 어릴 때 각 지역으로 데려가 그 지역 방식으로 사육된다. 어떻게 사육되는가가 더 중요하다는 말씀. 일본에서는 '마쓰자카(松坂)' 쇠고기가 유명하지만 포레스트의 셰프 쿠시바 켄지(草場健治) 씨는 고도(高島) 쇠고기가 최상급이라고 생각한다. 고시마 열도의 광대한 초원에서 마음대로 뒹굴며 풀 뜯어먹고 미네랄이 풍부한 바닷바람을 맞고 자란 소라서 다르다는 확신을 갖고 레스토랑을 열면서 지금까지 계속 고도 쇠고기만 고집해왔다(그래서 광우병 사태가 났을 때 거의 문 닫을 뻔했단다).

인정! 솔직히 내 생전 그렇게 맛있는(솔직히 "맛있다"라는 말로는 부족하다) 스테이크는 처음 먹어봤다. 99.9퍼센트 베지테리언인 피터 한은 그날 이후로 더 이상 베지테리언이길 포기했다는 후문.

포레스트의 스테이크는 일반 프렌치 식당의 스테이크와는 모양도 사뭇 다르다. 툭 자른 덩어리가 아니라 마치 수육처럼 얇게 저미고 사이사이 겨자소스가 레이어드되어 있어 고기를 싫어하는 사람이라도 부담 없이 육질을 즐길 수 있다.

메인 요리가 훌륭한 만큼 그 메인을 메인답게 하는 서브들도 훌륭했다. 흰살생선 카르파초, 단호박 생크림 수프, 복숭아 석류 셔벗….

쿠시바 켄지 셰프는 목에 넘어갈 때의 느낌을 중요시한다고. 설명을 들어서일지 모르지만, 포레스트의 요리들은 정말로 식도를 타고 넘어갈 때의 느낌이 덜컹거리는 것 없이 '스르르' 미끄러지는 기분이 든다.

무라카미 하루키의 소설 《1Q84》를 보면 "설명해주지 않으면 모른다는 말은 설명해줘도 모른다는 말이다"는 문장이 있다. 공감.

포레스트의 스테이크는 말로 설명되지 않는다. 직접 그 숲을 물어물어 찾아가보는 수밖에.

 '오늘은 꼭 스테이크를 먹어야겠다'라는 생각이 들 때 가고 싶은 곳. 이번 도쿄 런치기행에서 세 손가락 안에 드는 식당.

 고기라면 질색하던 포토 피터 한이 채식주의를 포기하게한 곳.

 고기의 크기에 집착하는 미국인을 데려가고 싶은 식당. 꼭 노트에 기록해두어야 할 곳이다.

 이런 식당은 일본 사람이 아니고서는 찾을 수 없다.

포레스트 Forest

주소: 도쿄도 미나토구 미나미아오야마 2-13-16
전화번호: 03-5786-1531
홈페이지: www.r-forest.com
영업시간: 화~일요일 11:30~14:00, 17:30~21:30, 월요일 휴무
가는 방법: 긴자선 가이엔마에역 1B 출구에서 아카사카 방면으로 걷다가 훼미리마트 지나 가구 숍 카시나 (CASSINA)가 있는 골목을 끼고 돌아 카시나 바로 뒤편 좁은 골목길로 들어간다. 오른쪽 1층에 있다.

참 일본적이다 이 맛 04

여행자를 위한
적절하고도 타당한 음식

이번 동경 런치기행은 세븐일레븐의 '오뎅'에서 시작해서 하네다공항
면세점의 '병아리 과자'로 끝났다. 순전히 개인적인 생각이긴 하지만
단언하건대, 일본 편의점 오뎅만큼 여행자를 위한 적절하고도 타당한
음식은 없다.

며칠 지난 바게트처럼 바싹 마른 기내식을 견뎌낸 위장에 뜨끈뜨끈하고
말랑말랑한 오뎅만큼 좋은 음식이 있을까. 더구나 이국에서 보내는
첫날밤은 왠지 모를 헛헛함으로 잠 못 이루기 일쑤. 그 때문에 평소에
즐기지도 않던 캔맥주와 마른안주, 생수 한 통을 사러 휘적휘적 호텔 앞
편의점으로 향하게 되어 있다.

그때 만일 뜨끈뜨끈하고 시원한 국물이 보글보글 끓고 있는 오뎅
트레이를 발견한다면 마치 사막에서 오아시스를 발견했을 때의
기분이랄까. 그런 반가움을 느끼게 되어 있다.

사실 일본 편의점의 오뎅에는 "에이, 편의점 음식 맛이 그렇지 뭐"라고
폄하할 수 없는 진지함이 있다. 오뎅의 나라에 걸맞게 매우 수준 높은
국물과 질 좋은 오뎅으로 구성되어 있다. 예컨대 알 수 없는 온갖
잡동사니 생선뼈와 밀가루로 범벅되었을 듯한 싸구려 오뎅이 아니라
삶은 계란, 두부, 곤약, 다시마, 무 등 출처가 확실한 양질의 재료와 전
국민의 맛 테스트를 통과한 적확한 레시피로 만든 것이다.

그중에서도 세븐일레븐의 오뎅이 근소한 차이로 조금 더 맛있다.
로손, 훼미리마트 등의 오뎅도 훌륭하지만 나를 포함한 대부분의 주변
사람들이 세븐일레븐의 오뎅을 추천하는 이유는 '양파 반 조각', '멸치

3분의 1마리'와 같은 숨겨진 디테일의 승리다.

하지만 "여름밤에는 좀…"이라며 고개를 젓는 이들도 있겠기에
부연하자면, 늦더위가 기승을 부리던 8월 말에 다녀온 첫 번째 동경
런치기행에서도 매일 밤 오뎅을 먹었음을 고백한다.

"값비싼 정통 프랑스 요리, 가이세키 요리, 이탈리아 요리 등등을
섭렵하는 런치기행에 편의점 오뎅이라니…" 하고 어이없어해도 할
수 없다. 이국의 낯모르는 음식들로 한껏 더부룩해진 속을 정리하는
데는 시원한 오뎅 국물만 한 음식은 없다. 마치 이런저런 책으로 마구
헝클어져 있는 책장을 섹션별로 딱딱 분류해서 가지런히 제자리에 꽂는
느낌이랄까.

빈자(貧者)를 위한 소박함과 누구에게나 어필하는 보편타당한, 딱
그만큼의 맛. 그래서 일본 편의점 오뎅은 진정한 '여행자의 음식'이다.

Super Loafer
Motorist Cafe

인생은 조금 무모할
필요가 있다고
말하는 라이프스타일 카페

| 슈퍼레이서 |

JR 동해 광고 시리즈의 멋진 카피.

"모험이 부족하면 어른이 될 수 없어."

얼마 전, 〈보그걸〉에서 'Girl's Meet Mento'란 인터뷰 기사에 응해달라는 요청을 받고 두 명의 여대생을 만났다. 겨우 스물세 살인데도 미래에 대한 걱정 때문에 마치 노인처럼 지쳐 보였다.

4년 내내 취업 준비에 시달리며 전공과목 학점 따기에 바쁘고, 공모전이다 뭐다 스펙 만들기에 골몰하고, 책상머리에 앉아 인터넷으로 너무 많은 정보를 섭렵한 탓에 직접 부딪혀보지도 않고 지레 겁부터 먹고 있었다.

그들에게 내가 해줄 수 있는 말이란 인생은 어떻게 살아도 후회가 있을 수 있으니 이왕 후회할 거라면 하고 싶은 것을 맘껏 해보라는 것. 돈 좀 벌고 나서 나중에… 결혼하고, 애 낳고 나서 나중에…. "나중에 보자"라는 말 하나도 무섭지 않은 걸 잘 알 것이다. '나중에'를 줄이면 인생은 건강해지고, 자유로워진다.

런치기행 마지막 날에 들른 라이프스타일 카페(처음 듣는 용어지만 주인장이

그렇게 불렀다) '슈퍼레이서(ス-パ-レ-サ-)'는 '지금 당장 열심히'라는 모토가 확실히 느껴지는 카페다.

친구 집을 불시에 습격해 냉장고에 있는 재료를 이것저것 꺼내 정체 모를 음식을 만들어 먹는 듯한, 뭔가 거창한 의미 같은 게 없어서 유쾌한 기분이 든다. 예컨대 카레라이스라든가, 타코라이스, 초코파르페 등 셰프 자신들이 먹고 싶은, 간단하고 캐주얼한 메뉴를 마음대로 만들어낸다.

"당신들이 뭘 원한다고? OK, but I don't Mind"와 같은 명쾌한 자세를 오픈하면서부터 초지일관 유지하고 있다. 그러니까 레스토랑을 키워서 돈을 벌어 부자가 되겠다는 거창한 포부 같은 건 없다.

'슈퍼레이서'란 가게 이름 또한 왠지 바보 같은 기분이 들어서 좋다는데,

컬러를 잘 쓰는 사람을 보면 참 부럽다는 생각이 든다.
색감에 자유로울 수 있다는 건 생각도 자유롭다는 뜻이니까.
슈퍼레이서는 빈티지한 보색들이 적절히 뒤섞여 마치 뉴욕의
뒷골목의 작은 스튜디오를 연상시킨다.

오토바이를 좋아하고 스피드를 좋아해서 그냥 지은 것이라고. 덕분에 오토바이족이 몰려서 밤에는 할리데이비슨, 두카티 같은 명품 오토바이들이 가게 앞에 주욱 늘어서서 마치 오토바이 가게 같은 풍경을 연출한다.

지리학→ 퍼블릭 아트 프로듀싱→ 전업주부→ 레스토랑 오너 셰프. 슈퍼 레이서의 주인장 가사이(河西) 씨의 이력을 보면 '순서대로 착착' 같은 인생을 살아오지는 않은 듯하다.

"사실 처음 일을 그만두었을 때 걱정도 했지만 살아가는 데 돈은 그다지 필요하지 않다는 사실을 깨달았습니다. 더 중요한 건 나만의 라이프스타일을 소중하게 지켜나가는 겁니다."

맞는 얘기다. 무턱대고 열심히 살아야 한다고 나를 다그칠 것이 아니라하고 싶은 걸 하다 보면 나도 모르게 열심히 살아지는 것이 아닐까.

한국 손님이 온 적은 없냐고 물으니 서울대 출신 한국 가수가 몇 번 왔

주말 저녁에는 언더 뮤지션들의 공연도 있고
자기들끼리 끼적끼적 그린 티셔츠도 판다.
나도 하나 사서 아들 녀석에게 주었더니
끼리끼리 알아보는 모양인지 좋아라 입고 다닌다.
이 카페를 소개한 코디네이터 이시모리 에리 씨가
적극 추천하는 생크림투성이의 초코 파르페르도
한번 시도해보시길.

었다며 그의 앨범 재킷을 꺼내 보여줬다. 유엔의 김정훈. 번화가도 아니고 관광객들에게 알려진 곳도 아닌데, 그는 어떻게 이곳을 알았을까. 서울대를 중퇴하고 중앙대에 다시 입학한 걸 보면 그도 좀 별종인가 보다.

부담 없는 가격에 부담 없는 메뉴에, 이것저것 시켜서 이것저것 맛보다 보면 이래저래 시간이 뭉텅뭉텅 가는 카페. 무슨 일인가 무모하게 저질렀다가 맘 상했을 때 문득 불러내 하소연해도 부담 없이 받아주는 친구 같은 곳. 살면서 이런 카페 하나쯤 알고 있는 것도 괜찮지 않을까.

 빈티지 카페. 하지만 급조한 듯한 천편일률적인 가벼움이 느껴지지 않는다.

 미국 시골, 고속도로 주변에 있을 듯한 레스토랑을 찾는 분께 추천.

 편한 미국 짬뽕 음식점. 보통 사람들은 절대 가지 않는 특별한 곳이다.

 일본 여자 에리 씨의 소개가 아니었다면 찾을 수 없었을 카페. 색감의 빈티지함이 너무 좋다.

how to get

슈퍼레이서 スーパーレーサー

주소: 도쿄도 미나토구 시바우라 카이간 3-12-9
전화번호: 03-5484-3403
홈페이지: www.ne.jp/asahi/motoristcafe/superracer
영업시간: 월~화요일 11:30~14:00 / 19:00~00:00, 수요일 11:30~14:00, 목~금요일 11:30~14:00 / 19:00~00:00, 토요일 11:30~00:00, 일요일 11:30~17:00
가는 방법: 유리카모메 시바우라후토역에서 267미터

유쾌한 셰프가
유쾌한 파스타를 만든다

| 이카로 |

기억하시나요?

"네~ 셰프!"

유경이 최현욱을 이렇게 부를 때마다 장안의 젊은 여자들을 사랑에 빠지게 한 드라마 〈파스타〉. 이 드라마 때문에 한동안 파스타를 배우려는 여자들이 요리학원 앞에 줄을 섰다는 후문이다. 나도 양손에 프라이팬을 들고 손목 스냅으로만 스파게티 면을 휘리릭 볶는 최현욱 셰프의 모습에 홀딱 반했으니까.

조지 클루니가 좋아하는 '알리오올리'가 마늘과 올리브 오일로만 만든 가난한 사람들의 파스타라든가, '탈리아텔레'에는 킬로그램당 몇천만 원을 호가한다는 송로버섯이 들어간다든가, '알덴테'가 스파게티 면을 '딱딱함'이 느껴지도록 삶는다는 뜻이라든가….

알은척하기 딱 좋은 전문 용어들을 주워섬기게 된 것도 다 이 드라마 덕분이다. 하지만 〈파스타〉의 셰프 캐릭터는 카리스마가 넘치다 못해 '왕재수'라고 할 만큼 요리를 너무 성역시한 건 아닌가 하는 생각이 든다. 군대도 아니고 주방이 고함과 얼차려로 넘치는 건 아무래도 과하다는 느낌. 파스타집이라는 것이 코스로 나오긴 해도 결국은 이탈리아식 '국숫

집'이고, 그렇다면 소탈하고, 유쾌하고, 느긋해야 이탈리아답다고 할 수 있는 게 아닐까.

그런 점에서 셰프인 동생과 매니저인 형이 함께 꾸려가는 '이카로(Icaro)'는 동경에 있지만 이탤리언이 경영하는 식당보다 더 이탈리아적인 느낌이 나는 레스토랑이다. 두 형제가 이탈리아 축구팀인 인터밀라노의 골수 팬이라 주방을 블루 톤의 타일로 치장했다든가 인테리어를 이탈리아의 가정집을 연상시키도록 나무로 편안하게 꾸민 것 등 외형적인 것뿐만 아니라 동생 미야모토 요시타카 셰프의 캐릭터도 한몫하는 듯하다.

그의 요리를 먹는 동안에도, 그와 인터뷰를 하는 동안에도 장난기 가득한 그의 눈망울처럼 톡톡 튀는 유쾌함이 가득했다.

스파게티의 진검승부는 면의 질감. 이카루의 면은 미네랄워터인 '콘트락스'라는 강수로 삶기 때문에 겉도 속도 꼬들꼬들해서 '발랄한 파스타'의 느낌이랄까. 이곳에서는 소스와 면이 따로 놀아 다 먹고 난 다음에 기름이 질질 흐르는 일 따윈 있을 수 없다.

실제로 우리가 먹은, 바지락이 듬뿍 든 봉골레 스파게티는 면과 소스가 환상적으로 딱 들러붙어 있어 다 먹은 후 마치 방금 설거지를 끝낸 것처럼 접시 위가 번쩍번쩍(?)했다.

인터밀라노 팀의 골수팬답게 블루와 검은색 에이프런을 입고 있는 요시타카 셰프. 그의 요리를 먹고 나면 시로가네다이(白金台)에 있는 로만티코(Romantico)란 이탈리아 레스토랑에 가고 싶어진다. '도대체 그를 가르친 셰프의 요리는 얼마나 맛있다는 거야?'라는 생각이 절로 들기 때문. 실제로 니시오카 상이 가장 추천하는 레스토랑이라니 가능하면 찾아보자.

이카로의 주방은 오픈형이다. 마치 거실에 있는 주방을
드나들듯 손님들이 훤히 요리하는 주방을 볼 수 있다.
실제로 이카로는 완전 예약제. 마치 엄마가 기분 내키는
대로 손님상을 차리듯, 전화해서 인원수와 어떤 모임인지
얘기하면 셰프가 알아서 맛있는 코스 요리를 만들어준다.

메뉴 또한 아이디어가 넘친다. 고기에 예민한 사람들은 약간 멈칫할 수도 있지만 미야모토 요시타카 셰프만의 노하우로 만든 어린 비둘기 로스트라든가, 개구리 뒷다리 튀김은 맛과 유쾌함을 동시에 느낄 수 있는 요리다.

"얘들아, 나는 너희들이 함께 일하는 모습을 보는 것이 꿈이란다"라는 아버지의 소원 때문이었을까. 동생은 북이탈리아 트렌티노(Trentino)에서 열심히 이탈리아 요리를 배우고, 형은 동경에서 열심히 레스토랑 서비스업을 하고. 두 형제의 '열심'과 아버지의 든든한 후원금이 보태져 '브러더스'의 유쾌함으로 똘똘 뭉친 이탤리언 레스토랑을 운영하게 되었단다.

백짓장도 맞들면 낫다고 하는데, 〈태극기를 휘날리며〉의 두 형제는 너무 심각해서 비극으로 끝났지만 미야모토 형제의 이카루는 '아우 먼저, 동생 먼저' 서로 위해주는 따스함으로 해피엔딩이 될 것 같다.

얼마 전부터 손님이 몰리는 통에 새벽 2~3시까지 일하게 되어 런치 메뉴를 접었다고 하는 걸 보면 오래지 않아 '재벌 형제'가 될지도….

어디 사람이 나쁜가. 돈이 나쁘지. 두 형제가 돈 때문에 헤어지는 일이 없도록, 그들이 너무 돈을 많이 벌지 않기를 바랄 뿐이다.

스파게티는 부담스러운 음식이라는 나의 고정관념을
깨준 곳.

형제가 함께 일하는 모습이 보기 좋다.
그래서인지 맛도 훌륭하다.

게를 넣은 스파게티가 특히 맛있다. 이탈리아에서 6년간
머문 주방장의 손길은 이탈리아 인 못지않다.

진짜 '식당'들은 숨어 있다.
'양'으로 승부하지 않는 이탤리언 레스토랑.

이카로 Icaro

주소: 도쿄도 메구로구 가미메구로 2-44-24 COMS 나카메구로 4층
전화번호: 03-5724-8085
홈페이지: www.icaro-miyamoto.com
영업시간: 월~금요일 18:00~다음 날 01:00, 토요일 18:00~00:00
가는 방법: 나카메구로역에서 도보 7분, 도쿄메트로 히비야선 가구로역에서 도보 7분, 도요코선 나카메구
로역에서 도보 7분. 쓰타야(TSUTAYA)란 비디오 가게가 있는 메구로긴자 상점가에서 유텐지 방면으로 간
다. 그런 뒤 나카메구로 우체국을 지난 끝에서 우회전하면 두 번째 건물 왼쪽에 위치한 유리로 된 건물이다.

AOYAMA
Table

그 테이블에서 먹다가
죽어도 좋아

| 아오야마 산장 |

29세에 요절한 천재 예술가 피에르 만조니를 아는지? 자신의 똥을 30그램씩, 90개의 깡통에 담아 'Artist's Shit'이란 제목을 달아 금 30그램의 값으로 환산해 판 괴짜. 그러니까 세상에 의미 없는 것은 아무것도 없다는 것이 이 작품의 주제다.

기가 막힌 역발상이 아닌가. 지금은 그 '똥'을 금 300그램, 아니 3000그램의 값으로도 못 산다고 한다. 사실 그런 생각을 하는 것도 그렇지만, 그 생각을 실천에 옮기는 것이 더 놀라울 따름이다.

그 정도는 아니라도 가이엔마에 카레집 '아오야마 산장(青山山蔣)'은 카.레.라.이.스.집이라고 방점을 찍을 수밖에 없는 가게다. 공간에 대한 고정관념을 기분 나쁠 정도의 무게로 확 깨버린 가게.

아오야마 산장의 문을 열고 들어서는 순간, "앗" 하는 외침이 절로 나오는데, 그건 바로 테이블 때문이다. 다다미 다섯 장 반 정도나 될까. 직사각형의 작은 공간에 가로 1.5미터, 세로 3미터 정도, 두께만 해도 약 50센티미터, 가격도 가격이지만 구하기가 상당히 어려울 듯한, 약 100년은 족히 되었을 법한 원형 그대로의 원목 테이블이 떡하니 놓여 있다. 그렇다. 존재감이란 이렇게 만드는 거다.

그 집 카레라이스가 맛있는지 여부는 사실 뒷전이 되어버렸다. 일단 그 테이블에 앉는다는 것만으로도 마치 다른 별에 불시착해서 처음 맛보는 음식을 먹는 듯한 착각을 불러일으키니까. 젠장, 세상엔 고만고만한 인간들 사이에 갑자기 질서를 깨는 천재적인 인간들이 있다. 사실 메뉴는 카레뿐. 좀 섭섭해서인지 주인이 마음대로 구성한 깍두기 메뉴인 덮밥 두 가지가 있긴 하지만.

'기다린다 - 카레를 시킨다 - 먹는다 - 계산한다 - 나간다'.

고객들의 동작은 마치 전자동 컨베이어 벨트에서 움직이는 소시지들처럼 일사불란하다. 핑크 플로이드의 명곡 'The Wall'의 뮤직비디오 중 한 장면이 생각난다.

수다나 불평 같은 감정이 끼어들 틈이 없다. 이런 일련의 묵묵한 방식은 매우 '일본'적이라 맘에 안 들지만, 그냥 무시해버리기엔 무언가 매우 멋지다.

젊은 부부가 운영하는 카레집인데 아침 10시에 시작해 오후 2시면 문을 닫는다. '뭐, 악착같이 벌어서 무덤에 이고 지고 갈 것도 아니다'라는 생각. 'so cool'하다는 말은 이럴 때 하는 말이다.

어떻게 이런 테이블을 놓을 생각을 했느냐는 물음에
"뭐 그냥, 나무를 구할 수 있어서요"라고 무심한 듯
대답했지만, 이런 내공은 그냥 나오는 건 아니다. 사실
이 테이블 원목을 구하는 데 가게 전체 인테리어 비용의
90퍼센트 정도가 들지 않았을까. "이걸로 하지"라는 결정도
역시 만만한 내공에서 나오는 게 아니다.

맛도 그렇다. 요즘 한국의 강남역에는 매운맛을 열 가지로 세분화한 카레 집도 생겼다는데, 아오야마 산장은 심플하게 한 가지 맛 카레뿐. 집에서 방금 만든 듯한 덜 맵고, 덜 짜고, 덜 단…. 그러니까 당장 맛있다는 아니지만 질리지 않는 맛이다.

"형식이 내용을 지배한다"는 말이 있다. 아오야마 산장은 카레라는 내용보다는 테이블이라는 형식 때문에 더 매력적인 집이지만, 무엇을 먹는가보다 어디에서 먹는가가 중요한 사람이라면 꼭 들러야 할 곳이다.

아참, 만일 사람이 꽉 들어차 있다면 구석에 점잖게 놓인 JBL4343 스피커에서 흘러나오는 음악을 들으며 고상하게 순서를 기다릴 수 있다.

 카레라이스란 단순한 음식을 '심오'하게 먹을 수 있는 곳.

건강한 느낌의 카레라이스. 여자들이 좋아할 것 같은 집.

야채 카레를 맛보며 음악도 즐길 수 있다.
JBL4343 스피커로.

평범한 일본인의 생활의 일면을 엿볼 수 있는 공간.
여행자에게는 카레보다는 햄버거정식을 권하고 싶다.

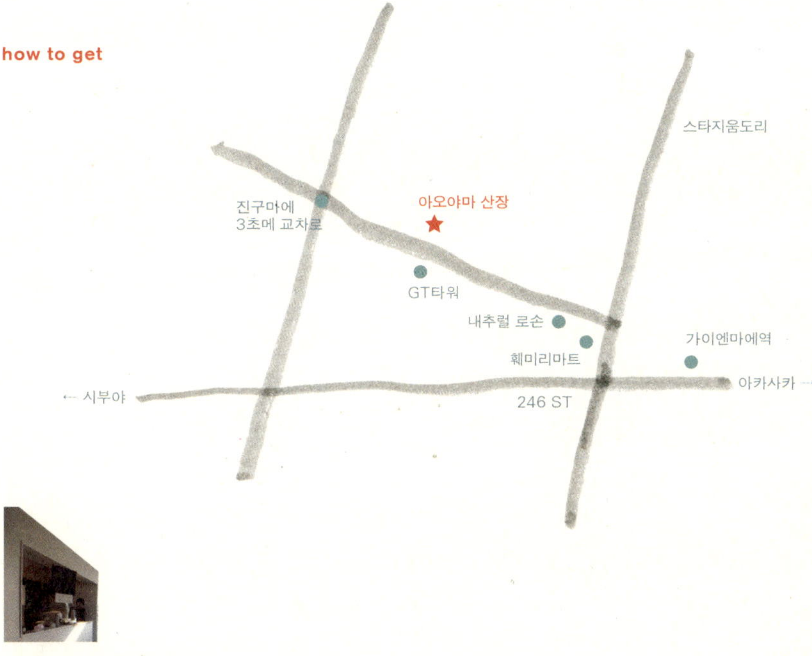

아오야마 산장 青山山蔣

주소: 도쿄도 시부야구 진구마에 2-2-19
전화번호: 03-3479-1370
영업시간: 런치만 영업(13:00~15:00)
가는 방법: 지하철 가이엔마에역 3번 출구로 나와서 BMW 매장 쪽으로 도로를 건넌다. 그런 다음 BMW로 가기 전에 스타지움도리 오른쪽으로 걷다가 훼미리마트를 지나서 왼쪽 좁은 길로 꺾어서 200미터 정도 들어간다. 간판이 아주 작으므로 주의해야 한다. 오른쪽에 있다. 맞은편에는 할렐루야라는 한식점이 있다.

덜컹덜컹
기차를 타고 가서 먹는
핫케이크가 맛있다

| 빌즈 |

소음과 공해와 허영으로 가득 찬 대도시에 산다는 건 불행이지만, 바다를 지척에 둔 대도시에 산다는 건 불행 중 다행이다. 뉴욕이 그렇고 동경이 그렇고 또 가깝게는 부산이 그렇다. "젠장, 사는 게 왜 이 모양이야"라는 말이 목전에 차오르는 순간엔 아무리 잘난 척하는 인간이라도 끝없이 펼쳐진 바다로 달려가 투정을 부리고 싶어지는 법이니까.

그런 점에서 나는 동경에 사는 인간들이 부럽다. 시내 바로 코앞에 바다 냄새 물씬 나는 쓰키지항이 있고, 1시간만 기차를 타고 덜컹거리면 한적하고 소박한 바다를 만날 수 있다. 더구나 커다란 창문이 있는 해변 카페에서 쏟아지는 햇살 한 접시와 갓 구운 따뜻한 핫케이크를 먹을 수 있다. '빌즈(Bills)'도 그런 곳이다. 푸른 바다를 바라보며 '세계에서 가장 맛있는 아침 식사'로 알려진 호주 빌즈의 리코다 핫케이크와 스크램블드 에그를 맛볼 수 있는. 사실 통념으로 보자면 핫케이크는 1시간이나 덜컹대는 기차를 타고 가서 먹어야 할 만큼 대단한 음식은 아닐지도 모른다. 슈퍼마켓에 가면 핫케이크용 가루가 브랜드별로 쫙 깔렸고, 레시피도 그다지 어렵지 않아 누구나 뚝딱 만들 수 있기 때문이다.

하지만 김치라고 다 같은 김치가 아니듯이 핫케이크라고 다 같은 핫케

빌즈가 있는 건물은 안도 다다오의 건축을
떠올리게 하는 노출 콘크리트의 스튜디오형이다.
한 달 월세가 1000만 원이라니…. 아무튼 한적한
바닷가에 우뚝 서 있는 건물의 모던함과 뉴욕의
시크한 카페를 연상시키는 인테리어는 뭔가
이국적인 나른함으로 우리를 매혹시킨다.

이크가 아니다. 왠지 일본 사람이나 한국 사람이 만드는 핫케이크는 동양적으로 변형된 맛이 나기 마련. 빌즈의 핫케이크에서는 오리지널 '서양 마미의 손맛'이 느껴진다(사실, 빌즈의 레시피는 멜버른 출신의 빌즈 가너[Bills Garnger]라는 요리사의 것이다).

이곳에서는 웰빙 같은 것 따윈 멀찌감치 접어두는 게 좋다. 버터와 계란, 생크림 같은 오일리한 재료가 듬뿍 들어가 있어 한입 베어 먹는 순간 "아, 행복하다"라는 말이 불쑥 튀어나온다.

양 또한 행복한 기분을 배가시키기에 손색이 없다. 일본 식당의 작고 앙

증맞은 접시에 지친 여행자라면 더욱 그렇다. 커다란 접시에 갓난아기 엉덩짝만 한 둥그런 핫케이크가 세 조각이나 나온다.

'맛있다'라는 관점은 지극히 주관적인 것이지만, 핫케이크와 오믈렛이 주는 '맛있다'라는 느낌은 매우 단순해서 좋다. 쓸데없는 요리 철학 같은 건 집어치우고 그냥 배불리 맛있게 먹는다는 기분에 충실할 수 있다.

빌즈는 그 배불리 맛있게 먹는다는 즐거움에 '해변에서'라는 덤을 얹어주니 금상첨화다. 먹고, 노닥거리고, 사진 찍고, 그에 상응하는 상당한 대가(?)를 치르고 나오면(두 명이 배불리 먹으면 5000엔쯤 후딱 넘어간다) 입구의 책장에 빌 아저씨의 요리책이 영어 버전, 일어 버전으로 전시되어 있다. 끝까지 놓치지 않는 상술이 그리 얄밉지만은 않다.

한번 해 먹어볼 욕심에 나도 6000엔이나 하는 요리책을 구입했다. 예상대로 돌아온 지 두 달이 넘도록 빌 아저씨의 레시피는 책꽂이 속에 먼지를 뒤집어쓰고 있다. 되새김질은 소나 하는 일(?). 추억은 추억 속에서 있어야 아름다운 법이니, 괜히 핫케이크인지 풀빵인지 모를 정체불명의 밀가루떡을 만든다고 부엌을 초토화시키는 것이 최선은 아니다.

핫케이크의 진수를 맛보고 싶다면 덜컹대는 교외선을 타고 동경에서 1시간 거리의 시치리가오카 해변으로 핫케이크를 먹으러 가는 번거로움을 즐겨보시길.

한적한 바다와 오믈렛, 영화의 여주인공이 된 듯한 기분.
세상에 뭐가 부러울까.

일본인들의 유럽 추종 경향을 엿볼 수 있는 곳.

미국 웨스턴 음식을 새롭게 믹스했다.
정말 간단한 핫케이크로 신선한 맛에 도전장을 던진 걸작.

살찔 각오를 하고 가야 하는 곳. 동경에서 멀어서 정말
감사. 동경에 있어서 매일 아침 빌즈에 간다면 난 뚱뚱이로
살아도 핫케이크의 유혹을 이길 수 없으리라.

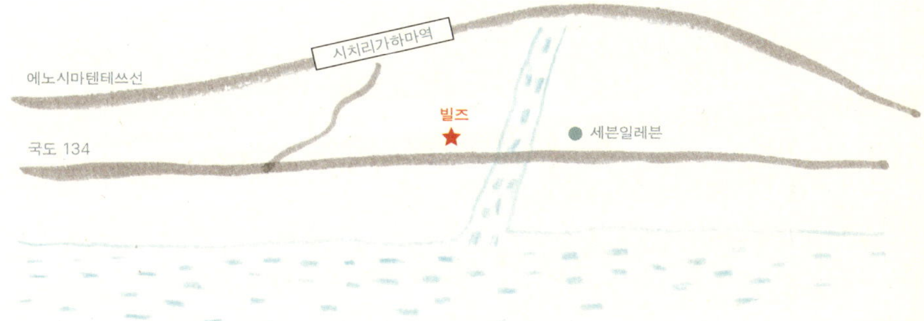

빌즈 Bills

주소: 가나가와현 가마쿠라시 시치리가오카1-1-1 WEEKEND HOUSE ALLEY 2층
전화번호: 0467-33-1778
홈페이지: www.bills-jp.net
영업시간: 일·화·목요일 8:00~22:00, 금·토·공휴일 전날 08:00~23:00, 월요일 08:00~17:00
가는 방법: 신주쿠역에서 JR 중앙선 쾌속을 타고 도쿄역에서 JR 도가이선 본선 보통으로 갈아타 후지사와
역에서 내린다. 그런 다음 에노시마 전철 보통을 타고 시치리가하마역에서 하차해 바다 방면으로 걸어서 1분.

참 일본적이다 이 맛 05

날아라!
병아리 과자 히요코!

왜 병아리는 꼭 초등학교 교문 앞에서 파는 걸까. 그게 늘 궁금했다. 코
묻은 100원짜리 몇 개를 내밀고는 바스락 부서져버릴 것 같은 힘없고
어린 노란 병아리를 사서 품에 안고 집으로 뛰어갔던 기억. 결국 이틀도
못 가 시름시름 앓다가 죽은 병아리를 마당에 묻고는 눈물 그렁그렁했던
기억. 모든 이들의 어린 시절엔 병아리가 있다.
그래서일까. 나는 늘 하네다공항이나 나리타공항 면세점에서 파는
병아리 과자를 그냥 지나치지 못한다. 몇 상자씩 사서는 두루두루
선물로 주면 좋아라 한다. 포장을 풀면 와, 귀여워서 감탄하고 한입 베어
물면 와, 포근포근하고 달콤한 팥소가 맛있어서 감탄한다.
하지만 난 차마 그들의 입속으로 들어가는 병아리를 보지 못한다.
꼬리부터 베어 먹어도 가슴이 아프고, 머리부터 떼어 먹어도 가슴이
아프다. 어린 시절 그 병아리가 생각나서. 그래서 결국 한 통쯤은
안쓰러워서 먹지도 못하고 가지고 있다가 유통기한이 지나서 하는 수
없이 버리기도 한다.

요즘 우리 카페 '폴의 골목' 단골인 작은 안 선생님은 집에서 놓아먹이는
닭이 직접 낳은 계란을 통에 담아 가져와 박 원장이 로스팅한 커피콩과
물물교환해 가신다. 아이디어도 좋지만 정성이 느껴져서 너무 고맙다.
두 번째 동경 런치기행에서 사 온 병아리 과자, 히요코. 언제나 여행의
끝을 느끼게 해주는 고맙고, 귀엽고, 안쓰러운 과자다.

요리와 인생

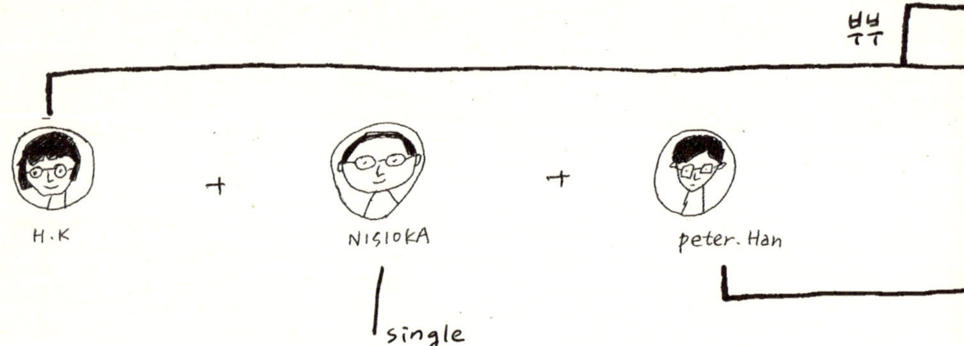

김혜경 상무

왜 26년이 넘게 광고를 하고
있는지는 납득하기 어렵지만
어쨌든 나름 업계에서 꽤
유명한 광고쟁이다. 《나이는
생각보다 맛있다》라는
수필집으로 한 번 외도를
한 다음 책 내는 데 재미를
붙여 런치기행을 감행하게
되었다. 맛있는 것, 예쁜 것에
목숨을 거는 경향이 있고,
똑같은 것을 색깔별로 사는
걸 좋아하며 여러 가지 메뉴를
시켜 이것저것 맛보는 걸 가장
좋아한다.

닥터 니시오카
노리아키(西岡典昭)

철저한 의사 가문에서 태어나
동경대에 진학하지 못해 집안의
애물단지였지만, 현재 30여
명의 의사를 거느린 치과
병원의 원장이며 아들 역시
치과 의사다.
고기를 너무 좋아해 고기
요릿집의 셰프 친구가 많다.
아이들이 다 큰 관계로 매일
저녁 외식을 하는 그는 꽤
부자지만 싸고 맛있어야 한다는
지불에 대한 철저한 철학이
있다. 이번 런치기행에도
값비싼 요리를 합리적으로
먹을 수 있어야 한다는 그의
원칙이 적용되었다. 한국을
좋아해서 한국 사람들에게
동경의 맛집을 소개하고
싶었다고.

피터 한

서울과 동경, 미국을 두루두루
아우르며 꽤 세계적으로
커머셜 중심의 사진 작업을
하고 있다. 언어가 통하지 않는
나라에 가서도 어디가 맛있는
집인지 기가 막히게 찾아내는
초능력이 있다.
테니스에 미쳐 '나달'
골수팬이며 중고 매장에서
물건 바꿔치기, 중학생 수준의
할리우드 가십으로 수다 떨기,
황 실장 몰래 오디오 수집하기,
각종 비타민제와 건강보조식품
갖춰 먹기 등등의 취미를 갖고
있다.

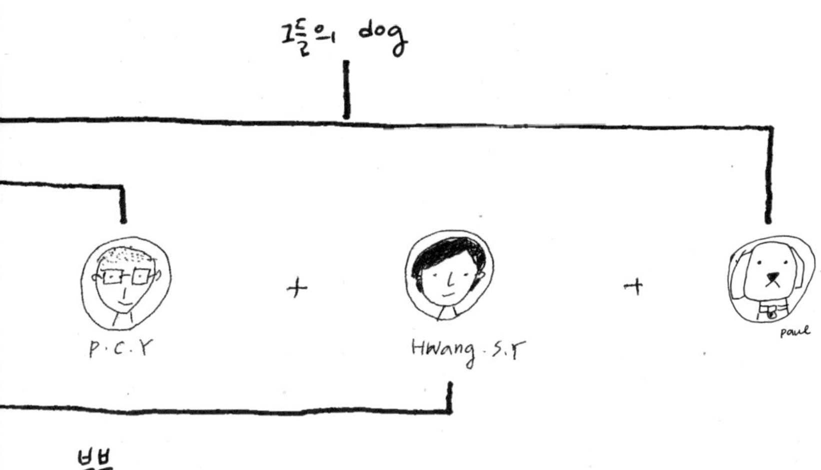

박철양 원장

어찌어찌하다가 광고쟁이에서
수의사로 직업을 바꾸었고
어찌어찌하다가 커피
스페셜리스트가 되어
카페까지 운영하게 되었다.
어찌어찌하다가 아내와 함께
동경 런치기행에 나서게 되었고
식당에 대해 각종 훈수를
두는 사태가 벌어졌다. 자칭,
타칭 그의 입맛은 상당히
까다로우며 맛에 대해 꽤
민감한 혀를 가지고 있다. 여러
가지 메뉴를 시켜 이것저것
먹는 걸 가장 싫어한다.

황선용 실장

혈혈단신으로 일본에
유학, 대학에서 사진을
전공했지만 아르바이트로
뛰던 코디네이터가 천직임을
일찌감치 깨달아 20년이
넘는 경력으로 일본 지역의
광고 코디네이터 중 왕언니로
불린다. 천직을 찾지 못한
젊은이들에게 부탁받지도 않은
훈수를 두는 고상한 취미를
갖고 있다. 먹는 것, 입는 것에
탁월한 감각을 가진 아버지의
피를 물려받아 맛있는 곳, 좋은
곳을 찾아내는 데 천재적인
재능을 발휘한다.

Paul

동경에 가진 못했지만 이 책의
기획 회의에서 마무리까지
힘든 과정을 빠짐없이 옆에서
지켜보며 분위기 메이커 역할을
했다. 박 원장이 운영하는 폴의
골목 카페의 영업상무이기도
하다. 펜션 손님들이 주는
고기를 매주 섭렵하는 관계로
고기에 대한 남다른 감각을
갖고 있으며 매일 박 원장이
볶는 커피 향기에 취해
바리스타 못지않은 민감한 코를
가지고 있다.

김혜경

food is homework

살다 보면 왜 그래야 하는지 수긍이 가진 않지만 꼭 해야 하는 일이
있다. 예컨대 숙제 같은 것이 그렇다. 하긴 해야 하는데 하긴 싫고,
그렇다고 안 하고 버틸 만큼 용기는 없고. 그렇다면 요리는 꼭 해야
하는 일일까, 하지 않아도 되는 일일까. 나는 늘 이 화두가 목에 걸렸다.
여자로 태어났기에 아니, 결혼이란 걸 했고, '세상이 아무리 변해도
요리는 여자가 해야지…'라고 생각하는 남자를 선택했기에.
사실 대학 졸업장도 받기 전에 이미 직장에 다니기 시작한 이유로
부엌일에 대한 면죄부를 받긴 했지만, 마음 한편엔 주부의 업 중 하나인
요리라는 덕목에 대한 꺼림칙함이 늘 존재해왔다.
그래서 잡지를 보면 꼭 요리 레시피를 부욱~ 찢어서 책꽂이 한편에
꽂아두거나, 책방에 가면 습관적으로 '10분 만에 상 차리기'와 같은 책을
한두 권쯤 산다. 물론 '언젠가는…'이라는 생각 때문이지만, 그렇다고
실제로 감행할 정도로 부지런하지도, 무모하지도 않다.
그런 내게 딱 일 년간 요리의 세계에 발을 디딜 기회가 있었다. 회사에서
안식년을 준 것. 초등학교 6학년짜리 아들내미, 남편과 함께 학교와
회사를 접고 캐나다로 날아갔다. 시커먼 남자 두 명은 눈뜨고 일어나면

'오늘은 뭘 하고 놀까'를 궁리하는데, 나만 '오늘은 뭘 해 먹을까'를
궁리하는 건 뭐랄까, 공평하지 않다는 생각이 들긴 했지만 캐나다의
대형 쇼핑몰 식품 코너는 이런 억울한 생각까지 보상해줄 만큼 신기하고
재미있었다. 토이저러스(Toysrus) 같은 대형 장난감 몰에 간 어린아이 같은
심정이랄까.
견과류 코너엔 캐슈너트, 마카다미아 같은 희귀한 견과류가 말 그대로
산더미처럼 쌓여 있고, 유제품 코너엔 생전 처음 본 각종 치즈가 좌-악
깔려 있다. 거기다 다국적 민족답게 세계 각국의 요리 재료에 눈이
휘둥그레진다. 우리나라 요리 재료가 가장 열악하긴 하지만 쇠고기,
돼지고기, 각종 뼈다귀까지 그 비싼 고기가 거저다시피 싸다.
쇼핑이 취미인 내가 그 기회를 놓칠 리가 없다. 요리는 두 번째고 일단
각종 재료를 사는 재미에 푹 빠져 냉장고가 미어터지도록 쇼핑을 했다.
하지만 요리 재료들이란 것이 그냥 쟁여둘 수도 없고 일단 먹어 없애야
하니, 슬슬 요리법을 연구할 수밖에 없었다. 영어 공부도 할 겸, TV 요리
프로그램을 서칭해보니 웬 요리 프로가 그렇게 많은지.
그중에서도 제이미 올리버가 완전 내 '과'. 그의 요리 철학은 '대충대충'.
계량스푼 같은 걸 쓰지 않고, 칼도 잘 쓰지도 않는다. 손으로 대충
재고, 손으로 대충 툭툭 자르고…. 하지만 그 대충대충이란 게 연륜과
짬밥이 선행되어야 가능하다는 것을 아는 데는 그리 오랜 시간이 걸리지
않았다.
할 일은 없고, 시간도 많고, 집을 팔아 쌈짓돈을 마련해 왔으니
먹을거리를 아낄 만큼 궁색하지는 않고. 최적의 요리 조건에서 빵도
굽고, 쿠키도 굽고, 친구들을 초대해 한국 대표 요리도 해보고 스파게티
같은 기초 서양 요리도 해보고, 월남쌈 같은 아시아 요리도 해봤지만,
역시 요리는 내겐 너무나 먼 당신. 푹 빠져들 수 없는 한계라는 것이 꽤
많았다.

예컨대 상당한 집중력을 요구한다는 것. 나처럼 어수선하고 잡생각이
많은 사람은 도무지 퍼펙트한 요리를 만들 수가 없다. 또 뭐든 잘해야
한다는 강박관념이 있는 나는 맛이 없다는 반응에 도무지 담담할 수
없다는 것. 무슨 요리든 스스로 너무 기특해하면서 밥상에 앉기가
무섭게 "맛있지"라고 물어보면 아들과 남편은 "또 시작이다"라는
표정으로 뚱하니 쳐다보기 일쑤.

저지르는 것도 1등이지만 아니다 싶으면 포기하는 것도 빠른 것이 나의
장점. 딱 일 년 만에 요리를 접었다. 그리고 요리는 내 인생의 숙제로
남았다. 하지만 캐나다에서 보낸 일 년은 적어도 요리가 '무서운' 단계는
벗어나게 해주었다. 그뿐 아니라 "나도 왕년에 오븐 좀 써봤거든…"
할 수 있는 요리 몇 가지도 생겼다. 그중 하나가 '바나나 로프'.
우리나라에선 '로프(loaf)'라는 종류의 빵은 익숙지 않은데, 사전적인
의미로는 '빵 한 덩어리'라는 뜻이다.

바나나빵 한 덩어리? 투박하고 씩씩한 느낌이 나서 맘에 들었다. 사실
이 빵의 레시피는 아들 녀석의 캐나다 친구인 저스틴의 엄마에게 받은
것. 캐나다 주부들이 집에서 빵을 굽는 건 우리가 밥을 하는 것처럼
일상적이긴 하지만, 그래도 직접 구운 따끈따끈한 빵을 저스틴의 손에
들려 우리 집으로 보내줬을 때의 감격이라니.

이 바나나 로프의 특징은 '촉촉함'이다. 꽤 큰 바나나가 세 개씩이나
들어가기 때문이기도 하고 버터가 듬뿍 들어가서이기도 하다. 물론
건강을 생각해 버터나 설탕을 정량보다 적게 넣어도 되지만, 그러면
역시 촉촉함은 조금 양보해야 한다. 아몬드나 피칸 같은 견과류를 넣고
통밀가루를 적당량 섞으면 고소하고 씹히는 맛이 좋은 웰빙 바나나
로프가 된다.

한국에 돌아와 얼마 동안은 이 바나나 로프 재미를 톡톡히 봤다. "아니,
김혜경이 빵을?" 하고 놀라는 사람들이 표정이 재미있어서 놀래주는
맛에 한때는 사흘이 멀다 하고 구워대기도 했다.

요즘엔 11명이 넘는 식구들이 먹을 브런치용 샐러드도 만들고, 새로
구입한 스팀 전기오븐에 로즈메리 허브 포카치아를 만들기도 하는 등
'노력' 비슷한 걸 해보지만 결과는 여전히 그럭저럭. 그렇게 요리는 몸에
찰싹 달라붙지 않지 않고 30센티미터 정도의 거리를 유지하고 있다.
하지만 언젠가는 잘해보고 싶은, '참 잘했어요'란 도장도 받아보고 싶은,
요리는 내겐 숙제다.

유기농 바나나 너트 로프

banana nut loaf

캐나다나 미국의 가정에서 많이 만들어 먹는 빵. 발효 같은 번거로운 절차가 없으므로 누구나 만들 수 있다.
건강에 좋은 바나나와 너트가 들어 있고 질감이 촉촉해 아이, 어른 모두 다 좋아한다.

1 ___ 버터와 계란을 냉장고에서 꺼내놓아 차가운
기운을 없앤다.

2 ___ 분량의 버터와 계란을 블렌더로 잘 섞는다.

3 ___ 황설탕, 밀가루, 베이킹소다, 소금, 시나몬
파우더를 그릇에 넣고 블렌더로 섞는다.

4 ___ 다른 그릇에 바나나를 넣고 포크로 뭉갠다.
덩어리가 약간 있어도 괜찮다.

5 ___ 4와 3을 함께 섞으며 바닐라 에센스, 호두 또는
피칸을 넣는다.

6 ___ 파운드 케이크용 틀에 담아 180℃로 예열한
오븐에 넣고 50분에서 1시간 정도 굽는다.

재료

유기농 밀가루 | 170g
버터 | 115g
황설탕 | 115g
계란 | 2개
크고 잘 익은 바나나 | 3 개
바닐라 에센스 | 1작은술
베이킹소다 | 1작은술
시나몬 파우더 | 1작은술
소금 | 1/4작은술
잘게 쪼갠 호두 혹은 피칸 | 한 주먹

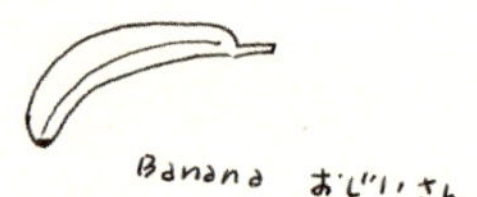

food is children

이번 동경 런치기행에 큰 도움을 준 니시오카 상. 그는 아주 오래전에
돌싱이 되었다. 의사만 30명이 넘는 종합 치과병원 원장이니 집안에
요리사를 두는 데 경제적인 무리가 따르는 것도 아닌데, 이혼한 후 줄곧
15년 동안 직접 아이들 도시락을 쌌다.
이쯤에서 "왜?"라는 질문을 던지고 싶어지는 건 당연. 하지만 특별한
이유 같은 건 없었다고. 아버지니까. 그래야만 할 것 같아서. 그러다 보니
호텔 주방을 가끔 개인 요리 공간으로 빌려 쓸 만큼 셰프 수준의 요리
실력을 갖추었다.
하지만 지금도 '요리가 너무 좋아 미치겠다'라든가 '요리에 남은 생을
걸고 싶다'라든가 하는 생각은 추호도 없다. 그저 아이들을 잘 키우기
위해 요리를 했고, 아이들의 건강을 위해 '좋은 요리'를 공부하다 보니
이것저것 할 수 있게 되었다.
아이들은 그런 아빠에 대해 특별히 미안해하지도 고마워하지 않는다.
그저 당연하고 자연스럽다. 그 또한 이런 사실에 섭섭해하지 않는다.
엄마가 해준 밥이 그립다는 생각을 하지 않는 아이들이 고마울
따름이다.

하지만 이 책을 위해 그의 대표적 요리를 소개해달라는 부탁을 하고
그 레시피를 받았을 때 비로소 '아버지'라는 말에 그가 얼마만큼의
무게감을 갖고 있는지를, 아이들을 얼마나 사랑하는지를 단번에 알 수
있었다.
여름엔 아이들이 여름을 타지 않도록 여름 음식을 공부하고, 겨울엔
아이들이 겨울을 타지 않도록 겨울 음식을 공부했다는 그의 말은
마치 오랜 세월을 수행해온 수도자의 화두처럼 들린다. 딸의 도시락은
채색(彩色)을 중요하게 생각한다는 말 또한 단순하지만 참으로 절절하다.
그가 소개하는 요리 '레드와인 쇠고기 볼살찜'은 6일에 걸쳐 만든
요리다. 프랑스 시골 요리인데, 재료 선별에서 만드는 과정의 정성과
노력이 유난하다는 우리나라 엄마들의 자식 사랑 이상이다.
니시오카 상은 심장과 의사인 아들의 스태미나를 위해 가끔 만든단다.
손이 너무 많이 가니까 한번 만들 때 많이 만들어 냉장고에 두고
먹는다고. 니시오카 상의 딸은 친구집에 초대받아 갔을 때 친구
아버지가 만들어준 샌드위치를 보고 기겁을 했다고 한다. 빵 사이에
햄과 치즈를 넣은 게 다였다는 이유로.
사랑의 질을 노력으로 평가할 수는 없지만, 모든 부모가 니시오카
상처럼 헌신적이지는 않다. "요리는 곧 내게 아이들"이란 니시오카 상의
말처럼 요리는 부모의 사랑을 표현하는 참 좋은 방법이지만, 누군가에겐
참 어려운 방법이기도 하다.

레드와인 쇠고기 볼살찜

재료

쇠고기 볼살 | 3조각
토마토즙 | 250g
토마토 페이스트 | 큰 것
1통
레드와인 | 300cc(저렴한
것이 좋다)
포트와인 | 약간
폰드보 | 500cc(프랑스식
국물)
스파게티 면 | 적당량
양파 | 1개
당근 | 1개
셀러리 | 1개
마늘 | 2조각
부케가르니 | 1단
소금·후춧가루 | 약간씩

1 ____ 쇠고기는 덩어리째 준비한다. 분량의 양파, 당근,
셀러리, 마늘, 부케가르니는 사진과 같이 자른 후
레드와인에 담가 24시간 마리네이드한다.

2 ____ 마리네이드한 쇠고기 볼살 덩어리를 꺼내
올리브 오일을 두른 프라이팬에 올린다. 소금과
후춧가루로 간을 하고 센 불에 구워낸다.

3 ____ 올리브 오일을 두른 큰 냄비에 2와 마리네이드한
양파, 당근, 셀러리, 마늘, 부케가르니를 넣는다.
센 불에 10분쯤 볶다가 토마토 페이스트 큰 것
1통, 폰드보 500cc, 레드와인을 넣고 3시간 정도
끓인다. 와인이 부족하면 더 넣는다.

4 ____ 고기만 꺼내 상온에서 식힌다. 육즙은
젤라틴같이 굳힌다(상온에서 식히는 데
5~6시간 소요).

5 ____ 식힌 육즙에 고기를 다시 넣어서 냉장고 안에
넣어 24시간 재운다.

6 ____ 잘 재운 고기를 적당한 크기로 썰어 프라이팬에
넣은 다음 레드와인 100cc와 포트와인을 소량
넣고 졸인다.

7 ____ 6에 4의 굳은 육즙 2~3큰술을 넣고 소금,
후춧가루로 간을 해 함께 끓인 뒤, 따로 삶아낸
굵은 스파게티 면과 함께 낸다. 이때 고기와
함께 끓인 육즙을 소스로 얹는다.

1

쇠고기는 덩어리째 준비한다.
분량의 양파, 당근, 셀러리, 마늘,
부케가르니는 사진과 같이 자른
후 레드와인에 담가 24시간
마리네이드한다.

2

마리네이드한 쇠고기 볼살 덩어리를 꺼내 올리브
오일을 두른 프라이팬에 올린다. 소금과 후춧가루로
간을 하고 센 불에 구워낸다.

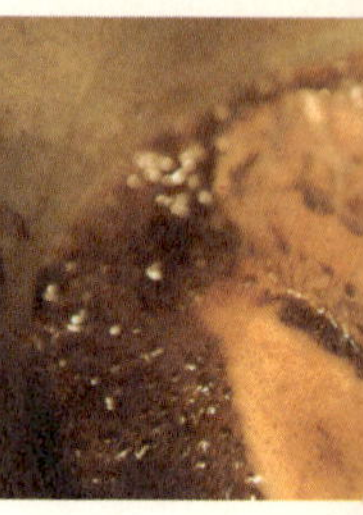

6

잘 재운 고기를 적당한
크기로 썰어 프라이팬에
넣은 다음 레드와인
100cc와 포트와인을
소량 넣고 졸인다.

7

6에 4의 굳은 육즙 2~3큰술을 넣고
소금, 후춧가루로 간을 해 함께 끓인
뒤, 따로 삶아낸 굵은 스파게티 면과
함께 낸다. 이때 고기와 함께 끓인
육즙을 소스로 얹는다.

5

식힌 육즙에 고기를 다시 넣어서
냉장고 안에 넣어 24시간 재운다.

4

고기만 꺼내 상온에서 식힌다. 육즙은
젤라틴같이 굳힌다(상온에서 식히는
데 5~6시간 소요)

3

올리브 오일을 두른 큰 냄비에 2와
마리네이드한 양파, 당근, 셀러리,
마늘, 부케가르니를 넣는다.
센 불에 10분쯤 볶다가 토마토
페이스트 큰 것 1통, 폰드보 500cc,
레드와인을 넣고 3시간 정도 끓인다.
와인이 부족하면 더 넣는다.

coffee is woman

나이가 들수록 이해할 수 없는 것들이 줄어드는 것이 아니라 점점
더 많아지니 참 아이러니하다. 박철양 원장에겐 그런 것들 중 하나가
여자다. 아니, 마누라라는 것이 더 옳을까. 벌써 20년 넘게 살았으니
딴에는 잘 안다고 생각하는데, 단순한가 싶다가도 무지하게 복잡하고,
멍청한가 싶다가도 때론 무지하게 지혜롭다.
어떨 땐 그가 없으면 아무것도 못할 것처럼 약해 빠졌지만 또 어떨
땐 무지하게 독립적이다. 어쩌면 '이해' 같은 단어가 어울리지 않는
것이 여자란 종족인지도 모르겠다. '여자', 아니 '마누라'를 이해하려는
것만으로도 그의 인생은 충분히 무거운데 커피라는 또 하나의 즐거운
'짐'이 생겼다.
여자와 커피는 참으로 많이 닮았다. 조금만 무신경해도 금세 토라지고,
풀이 죽어버리지만 조금만 관심을 기울이면 또 금세 환해져서 나풀나풀
가볍게 날아다닌다. 조금만 강하게 다그치면 타버리고 조금 부드럽게
다루면 바로 무시당한다. 글쎄, 삶은 장담할 수 없는 거라지만, 평생 함께
갈 동반자라는 점에서도 그들은 닮았다.
커피의 세계, 아니 조금 더 정확하게 말하자면 드립커피의 세계에 빠져든

건 이제 겨우 5년. 인생이란 참으로 한 치 앞을 몰라서 단지 호기심으로
시작한 커피였는데 그것이 '업'이 되었다.

동물 병원을 반으로 뚝 잘라 카페를 운영하니 세상의 잣대로 말하면
'shop in shop'. 어느 것이 메인 잡(job)인지는 모르지만. 그의 명함엔
'수의사'와 '커피 스페셜리트'란 직업이 같은 8포인트 폰트로, 같은 위치에
동등하게 기재되어 있다. 그러니까 그는 수의사 겸 바리스타인 것이다.
다른 점이라면 수의사는 정확히 대한수의사협회에서 발행한 면허증이
있고, 바리스타는 한 번도 자격증에 도전한 적도 없고(물론 나라가 인정하는
바리스타협회 같은 공식적인 기관 같은 건 없다), 또 그럴 생각도 없다는 것.
이번 동경 런치기행에서 30년이 넘게 커피에 올인하고 있는 장인들을
만났다. 아니, 그 묵묵하고, 헤아릴 수 없는 그들의 세월을 만났다. 마치
의식을 수행하는 수도자처럼 커피에 한결같은 사랑을 퍼붓는 그들이
존경스러워졌다.
이제 겨우 커피란 세계의 문을 열고 들어섰다고 생각하는 그이기에
무어라 논한다는 것이 가당찮은 일이라 생각하지만, 커피란 소위 자격증
같은 것으로 들이댈 수 없는 것이라 생각한다.
얼마나 좋아하는지, 얼마나 사랑하는지, 얼마나 미칠 수 있는지….
어떻게 보면 시간이란 중요하지 않다. 1시간이든, 일 년이든, 10년이든
얼마만큼 열정을 쏟아부었는가의 문제이다. 특히 드립커피는 중독성이
대단해서 대부분 그 세계에 빠지면 쉽게 헤어 나올 수 없다.
그가 카페를 열고 있는 양수리에도 세 명의 문제아적인 바리스타가
있다. 떡집을 운영하면서 커피 공부를 병행해온 홍 선생과 벌써 오래전에
커피와 결혼해 오직 커피와 동고동락하는 김 선생, 그리고 박 원장이다.
모두들 커피로 돈을 벌겠다는 생각엔 익숙지 않다. 홍 선생은 너무
진지해서 진지한 맛이 나고, 김 선생의 커피는 뭐랄까, 오랫동안
몰입해온 세월의 묵직한 맛이 난다. 그는 아직 오리무중이다.

어떤 때는 지나치게(?) 맛있고 어떤 때는 지나치게 맛이 없다. 하지만
그는 사실, 그런 변화를 즐긴다. 그날의 기분, 그날의 날씨, 그날의
손님에 따라 커피 맛이 달라지는 건 매우 자연스럽다. 우리는 어차피
완벽하지 않은 인간이니까.

요즘엔 집에서 드립을 즐기는 사람들도 많이 생기고 간단하게
수망이나 프라이팬에 커피를 볶아 홈메이드 로스팅을 하는 아마추어
바리스타들도 많다. 사실 전문가를 흉내 낼 필요는 없다. 그냥 내
스타일을 즐기면 되는 것이다. 다만 싫증 내기 좋아하는 여자를 다루듯
때론 부드럽게, 때론 강하게, 때론 뜨겁게, 때론 냉정하게 변화를 줄
필요는 있다.

아주 간단하지만 드립커피를 맛있게 하는 몇 가지 기본적인 팁을
얘기한다면, 첫 번째는 원두의 로스팅 정도와 물의 온도의 매치. 강배전
원두는 조금 낮은 온도의 물로, 약배전 원두는 조금 높은 온도의 물로
내려야 한다. 조금이라는 말이 짜증이 나겠지만 원두마다 조금씩 온도가
다르니 어쩔 수 없다.

기억하기 쉽게 이야기하면 뉴턴의 작용과 반작용, 또는 시소놀이를
연상하면 된다. 평균적으로는 약배전(원두 색깔이 옅은 갈색에 가깝다)이라면
섭씨 92도 정도의 물로, 강배전(거의 탄 것처럼 까맣다)이라면 섭씨 70도의
물로 드립하면 웬만큼 맛을 낼 수 있다.

다음으로 중요한 것은 시간이다. 대부분의 원두는 잡맛이 우러나지
않을 정도까지, 가능한 한 긴 시간을 투자하는 게 좋다. 그래야 풍미가

paul's Alley
hand drip .
Kalita
Kalita

다양해진다. 특히 뜸 들이는 시간이 커피 맛의 반을 좌우한다. 첫 번째 뜸 들이기에는 커피의 추출이 일어나지 않아야(커피 방울이 똑똑 떨어질 정도. 주루룩 흐르면 물 맛이 난다. 커피를 가볍게 적신다고 생각하면 된다) 원두의 특성을 모두 추출해낼 수 있다. 결국 천천히 내리는 게 좋지만 그렇다고 너무 늦게 내리면 잡맛이 날 수도 있다. 이 역시 읽는 사람들은 짜증이 나겠지만 '적당히 천천히'라고 말할 수밖에 없는 것을 이해해주시길.
마지막은 좋은 생두를 써야 한다는 것. 어느 커피 고수(高手)는 "생두의 질이 나쁘다고 탓하지 말고 드립하는 사람의 실력을 탓하라"라고 말했지만, 아이러니하게도 고수일수록 좋은 원두를 쓴다.
그러니 역시 최고의 팁은 좋은 생두로 볶은 원두를 사용하는 것이다. 그런 원두로 내린 커피는 어떻게 내려도 맛있다. 자, 이 모든 것보다 더 중요한 건 그냥 커피 자체를 즐기는 거다. 오디오 마니아와 음악 마니아의 차이 같은 것. 음악을 즐기는 것이 아니라 기계를 바꾸고 업그레이드하는 걸 즐기는 사람은 사실, 정말로 음악을 좋아하는 사람이라고 할 수 없다.
커피도 마찬가지가 아닐까. 온도다, 시간이다, 배전이다 따지기 전에 커피를 좋아하고, 커피를 마시는 시간을 좋아하고, 함께 마시는 사람을 좋아하는 것이 더 중요할지도 모른다.

food is improvisation

일본과 한국에서 활동하는 한국계 미국인 포토그래퍼 피터 한. 그는
내가 본 몇 명 안 되는 긍정적인 의미의 '또라이' 중 한 사람이다.
또라이란 미친 혹은 미칠 수 있는 사람이란 의미다. 결국 어디엔가
몰입할 수 있는 능력을 갖추었다는 것.
보통 사람들은 적당히 좋아하다 '여기까지' 하고 그만두는 반면, 그는
자기의 것으로 만들고 더 나아가 새로운 것으로 발전시킨다. '가능한 한
끝까지 가본다'가 그의 원칙.
요리도 그중 하나. 요리에 대한 그의 기억은 가족들이 옹기종기 모여
앉아 따스한 음식을 나눠 먹는 풍경은 아니었다. 그의 가족이 살던
시카고 외곽엔 변변한 식당이라곤 없었고, 부모님들은 눈코 뜰 새 없이
바빴기 때문에, 전기밥솥에 눌어붙은 노랗게 변색된 밥이 남아 있는
식구들의 주식이었다. 낙이라곤 맛있는 요리가 줄지어 나오는 TV 요리
프로그램을 보는 것.
그중에서도 영화 〈줄리 앤 줄리아〉 속 주인공의 모델이 된 실제 인물
줄리아 차일드(Julia Childs)의 방송과 〈푸루갈 고메(Forugal Gourmet)〉란 요리
프로그램이 인기였는데, 요리사 중 한 명인 제프리란 미국 남자는 아주

쉽고 간단한 재료로 전통적인 가정 요리를 만들었다.

방송 마지막엔 늘 와인 한잔을 마시며 "따뜻한 마음으로 먹는 요리는 식구입니다"란 코멘트를 하곤 했다. 주로 이탈리아 요리 강습을 했던 그는 아이러니하게도 훗날 남자 어시스트를 성추행한 혐의로 감옥에 다녀왔다고 한다. 게이였다나 어쨌다나. 흠.

아무튼 어떤 사람에게는 별것 아닐 수도 있는 그 멘트가 너무도 깊이 그의 마음을 휘저어놓았다.

'아, 음식이란 것이 그렇게 해석될 수도 있는 거구나.'

그 이후로 그에게 요리는 그 나라를 탐색하는 방식 중 하나로 각인되었다. 굳이 다른 나라에 가지 않아도 그 나라의 문화를 샘플링하는 데 요리만큼 좋은 방법이 있을까. 또 그가 요리하기를 즐기는 건 임프라버제이션(improvisation: 즉흥적으로 만들어내기)이 가능하기 때문이다.

마치 재즈처럼, 각종 요리 재료가 어떻게 혼합되는가에 따라 매우 다른 결과를 낸다. 요리 종류보다 훨씬 더 많은 요리책이 팔리는 이유도 요리사, 시간, 재료, 날씨, 그릇, 도구, 요리 순서 등 수 많은 변수에 따라 전혀 다른 음식이 되기 때문이다.

요리의 세계가 더욱 매력적인 건 이것저것 새로운 시도를 해도 별로 치명적인 결과를 낳지 않는다는 것. 실패해봤자 조금 맛이 없는, 먹기 힘든 음식이 될 뿐이다. 뭐, 쓰레기통으로 골인시키든가, 참고 먹든가 둘 중 하나이니 그 '가벼움'은 참으로 근사하지 않은가.

그는 평소에 눈여겨두었던 레시피를 응용해 시도해보기를 좋아하는데 이 책을 위해 소개하는 요리는 케이준(cajun) 음식 중 하나인 '잠발라야 파스타'. 케이준 요리는 우리나라 사람들에게는 익숙하지 않지만 미국에서는 흔한 요리. 프랑스 사람들이 미국 남부 루이지애나 지방으로 강제 이주되면서그곳의 새우나 게 등 해산물을 기본으로 해 발전시킨 요리란다.

급하게 만들어진 요리다 보니 예쁘고 우아한 프랑스 음식의 특징은 쏙 빠지고 거칠고, 즉흥적이며, 양으로 승부한다. 특히 겨자, 후추, 마늘, 양파, 칠리 같은 강한 향신료를 써서 우리나라 사람들 입맛에 잘 맞는 것이 특징이다. 그도 어쩔 수 없이 한국 사람인지라 타바스코를 양껏 넣은 매콤한 케이준 음식을 즐긴다.

미국 남부 스타일, 특히 뉴올리언스의 음식인 이 잠발라야 파스타도 그의 즉흥성이 약간 가미된 피터식 케이준 요리다.

피터式 건강 팁

피터 한은 새로운 음식에 도전하는 것을 즐기지만, 사실은 우유까지 먹지 않는 오보베지테리언이자 건강지상주의자나. 그는 몸 또한 '즉흥'을 실험하는 데 좋은 도구라고 생각하기에 '건강'이란 화두를 놓고 여러 가지 시도를 해왔다.
물론 하루 1시간 이상씩 운동을 하지만 기본적으로 지키는 몇 가지 식습관에 관한 철칙이 있다. 그 덕분인지 나이에 비해 훨씬 단단한 몸과 동안을 유지하고 있다.
런치기행 도중 피로와 변비에 시달리는 내게 몇 가지 건강식품과 비타민을 권했는데 확실히 효과가 있었다. 좀 과한 감이 없지 않지만 병에 장수 없다고 맛있는 음식을 즐기기 위해선 건강이 뒷받침되어야 하니 혹시 흥미 있는 분은 피터의 노하우를 따라 해보시길.

1 하루에 꼭 비타민 C 1000~2000ml를 섭취한다.

2 Supplement Factors의 Rx-Omega-3 Factors, EPA 400mg, DHA 200g를 매일 함께 먹는다.

3 암을 예방하기 위해 포도 껍질 안쪽에 함유된 성분으로 만든 레스베라트론(resveratrol) 제제를 3일에 한 번씩 먹는다.

4 매일 아침에 야채와 과일을 먹는다. 생야채와 과일을 섭취하기 어려우면 과일 야채 가루 '그린 슈퍼푸드(Green Superfood)'를 먹는다.

5 건강한 장을 위해 일주일에 한 번씩 Psyllium Husks Powder을 먹는다.

6 항공 이동 시에는 꼭 마스크를 착용한다.

7 햇빛을 보며 일어난다.

8 일찍 자고 일찍 일어난다.

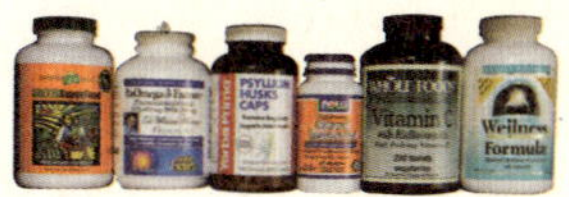

잠발라야 파스타

재료

새우
닭 가슴살
스모크 소시지
양파
그린페퍼
마늘
닭 수프
생크림
바질
신선한 토마토
베이
파르메산 치즈
펜네
올리브 오일
소금

1 ___ 펜네는 따로 10분에서 11분 삶는다(많이
딱딱하다 싶을 정도가 좋다).

2 ___ 새우와 닭 가슴살을 각각 올리브 오일 두른
프라이팬에 넣어 볶아둔다.

3 ___ 양파를 볶는다.

4 ___ 닭 수프를 3의 볶은 양파에 붓고 적당히 썬
토마토, 베이, 소금을 넣고 끓이다가 생크림,
2의 볶은 새우, 볶은 닭 가슴살을 넣고 섞는다.
수프가 부족하면 펜네 삶은 물을 알맞게 넣는다.

5 ___ 접시 위에 4를 올리고 곱게 간 파르메산 치즈와
고운 고춧가루(smoked paprika or hot paprika),
바질을 취향에 맞춰서 더한다.

6 ___ 매운 걸 좋아하면 타마스코소스를 잔뜩 뿌려
먹으면 좋다.

황선용

food is speed

요리에 있어 스피드의 중요도란 어느 정도일까? 10점 만점에 5점?
4점? 사람에 따라 다르겠지만 황선용 실장에겐 매우 중요한 이슈이다.
왜냐하면 스무 살에 동경에 혼자 '똑' 하고 떨어져, 스물세 살에 이미
아이의 엄마가 되어버렸으니까.

일하고 밥 해 먹고, 일하고 밥 해 먹고, 징징대는 아이들과 전쟁을
치르는 일에 스피드보다 중요한 게 있으랴. 이젠 시간도 여유도 생겼지만
스피드는 습관처럼 몸에 배어버렸다.

사실 '빠르게'라는 것이 꼭 대충대충을 의미하는 것은 아니지 않은가.
나 자신이든 상대방이든 기다리지 않고 맛있는 요리를 먹을 수 있다면
그것보다 좋을 수는 없다. 그녀에게는 '스피드 요리'에 대한 두 가지
철칙이 있다. 돈이 없을 때와 돈이 있을 때, 예컨대 돈이 없을 때는 가장
값싼 재료인 밀가루, 양파, 감자, 계란 같은 것을 차곡차곡 비축해놓는다.
간단하게 배부르고 맛있는 칼국수나 수제비를 해 먹을 수 있으니까.
하지만 돈이 있을 때는 일단 기본이라고 할 수 있는 재료를 최상급으로
준비한다. 가장 좋은 와사비, 가장 좋은 오일, 가장 맛있는 소금 등등.
물론 주재료도 평소 눈여겨보았다가 물어물어 찾아가 구입한다. 두부

요리를 하면 명품이라고 할 만한 두부, 간장, 생강을 산다. 그리고 운치 있는 멋진 그릇에 담아 두부 위에 간장과 생강을 먹음직하게 올린 후 조금씩조금씩 재료의 맛과 향을 음미하며 먹는 것이다.

나물 같은 것도 그렇다. 갖은 양념이 꼭 맛있는 건 아니다. 싱싱한 시금치 한 다발을 씻지 않고 팔팔 끓는 물에 살짝 데쳐내 가쓰오부시를 올린 다음 간장을 뿌려 먹는다. 좋은 요리란 원래 재료의 맛을 최대한 살리는 것이다. 그리고 양은 중요하지 않다. 정말 맛있는 것을 조금 먹는 것이 좋다.

그녀는 음식에 애착이 많다. 맛있는 요리를 먹는 데 투자를 아끼지 않는다. 명품 핸드백을 사는 건 아깝지만 정말 맛있는 요리를 좋아하는 사람과 즐겁게 먹을 수 있다면 그 돈이 1만 엔이든, 10만 엔이든 아깝지 않다. 그 순간의 기억들은 오랫동안 마음속에 두고두고 꺼내보며 내가 살아가는 힘이 되어준다.

요즘은 요리를 배우는 것도 하나의 트렌드가 된 것 같다. 하지만 모든 사람들이 요리를 잘할 필요는 없지 않은가. 그래도 굳이 매일매일 맛있는 요리를 먹어야 한다고 생각한다면 요리 잘하는 남편을 만나면 된다. 그게 안 된다면 적어도 꼭 요리는 아내의 몫이라고 생각하지 않는 사람을 만나면 된다.

황 실장 부부의 경우, 스트레스를 덜 받은 사람이 부엌으로 간다. 그날의 스트레스를 요리에 푼다면 그 음식이 독이 될 테니까. 그래도 잘하는 요리가 있지 않느냐고 물으니 '밥'이란다.

엄마가 해주신 갓 지은 밥과 너무 빨리 이별한 탓인지, 밥은 그녀에게 어떤 요리보다 우선이다. 아무리 반찬이 맛있는 식당이라도 전기밥솥에 보온해놓은 묵은 밥을 내놓는 식당이라면 no thank you.

일본 쌀이 아키바리라고 해서 윤이 반질반질 흐르는 좋은 쌀이고 일제 코끼리밥솥이 최고라고 한때 한국 아주머니들이 보따리를 사서 비행기에 태웠지만, 사실 한국의 압력밥솥에 지은 쫀득쫀득한 차진 밥을 따라올 수 없다.

어떻게 하면 맛있는 밥을 지을 수 있을까, 연구하다가 찾아낸 그녀만의 비법은 온도와 물이다. 먼저 쌀을 씻어 냉장고에 30분 넣어둔 다음 밥을 하는 것. 두 번째는 천연 탄산수로 밥을 하는 것이다. 그녀의 경험으론 일본의 '준메'라는 물이나 독일산 '게롤슈타이너(Gerolsteiner)'로 밥을 하는 것이 제일 맛있다.

우리가 설악산에 놀러 가 밥을 하면 맛있는 이유와 마찬가지. 탄산수의 미네랄과 가스가 쌀에 뭔가 좋은 작용을 하는 것이다. 물론 이건 이론적인 배경이 하나도 없는 그녀만의 노하우다. 아니라고 해도 할 수 없다.

"에이~" 하고 의심하는 분에게 우기고 싶은 마음은 없다. 하지만 따라 해보고 싶은 분이 있다면 말리고 싶진 않다. 나도 해볼 생각이니까.

가고시마 현의 준메이

pH 8.7

탄산수소이온 252.0mg/1L

칼륨이온 2.0mg/1L

게르마늄이온 22.0ppb

강도 4.0

나트륨 102.8mg/1L

독일산 게롤슈타이너

na+ 118

K+ 11

mg2+ 348

Cl- 40

HCO3- 1.816

밥 짓는 요령

물 온도는 낮을수록 좋다. 시간적인 여유가 있으면 쌀에 탄산수를 부어 냉장고에 30분 넣어두었다가 밥솥에, 바쁠 때는 씻은 쌀에 차가운 탄산수를 조금 넉넉히 부어 짓는다.

야채 요리 요령

반찬은 심플하게(가능한 한 무농약으로) 그날 가장 맛있어 보이는 야채를 선택해 끓는 물에 소금을 넣고 살짝 데쳐 그대로 건져내 소스 없이 먹는다. 식초와 소금에 절인 생강, 일본식 된장 무짠지를 반찬으로 먹으면 좋다.

고치소사마, 잘 먹었습니다
- 광고크리에이터 김혜경의 동경런치산책

글   김혜경
1판1쇄   펴낸날 2011년 2월 15일
1판2쇄   펴낸날 2011년 3월 25일

펴낸이   이영혜
펴낸곳   디자인하우스
            서울시 중구 장충동2가 162-1 태광빌딩
            우편번호 100-855 중앙우체국 사서함 2532
대표전화   (02) 2275-6151
영업부직통 (02) 2263-6900
팩시밀리   (02) 2275-7884, 7885
홈페이지   www.design.co.kr
등록   1977년 8월 19일, 제2-208호

편집장   김은주
편집팀   장다운, 전은정
디자인팀   김희정
디자인   curious sofa
마케팅팀   강진수
영업부   문영학, 백규항, 이용범, 고세진
제작부   이성훈, 민나영
교정·교열   이정현
출력인쇄   중앙문화인쇄

ISBN 978-89-7041-559-8

값 15,000원